数码影像艺术合成

Adobe photoshop 在数码艺术创作中的运用

[美] 苏珊·塔特尔 著
倪雅菁 译

上海人民美術出版社

图书在版编目（CIP）数据

数码影像艺术合成/[美] 塔特尔 著；倪雅菁 译
—上海：上海人民美术出版社，2013.01
书名原文：Digital Expressions
ISBN 978-7-5322-7564-9

Ⅰ.①数… Ⅱ.①塔… ②倪… Ⅲ.①图像处理软件
Ⅳ.①TP391.41
中国版本图书馆CIP数据核字（2011）第201503号

编辑
克里斯汀・伯伊斯

设计师
杰夫・瑞克

制作协调员
格雷格・诺克

封面影像来源：
女子影像：©iStockphotos.com/mlenny
蝴蝶影像：©iStockphotos.com/ranzino

数码影像艺术合成

著　　者：[美] 苏珊・塔特尔
译　　者：倪雅菁
策　　划：姚宏翔
统　　筹：丁　雯
责任编辑：姚宏翔
特约编辑：孙　铭
封面设计：缪亚希
版式设计：邵宇骏
技术编辑：季　卫
出版发行：上海人民美術出版社
（上海长乐路672弄33号　邮政编码：200040）
印　　刷：上海丽佳制版印刷有限公司
开　　本：889×1194　1/16　印张 9
版　　次：2013年01月第1版
印　　次：2013年01月第1次
书　　号：ISBN 978-7-5322-7564-9
定　　价：65.00元

测量长度单位换算表

转换	成为	乘以
英寸	厘米	2.54
厘米	英寸	0.4
英尺	厘米	30.5
厘米	英尺	0.03
码	米	0.9
米	码	1.1

作者简介

为了我生命中所爱的人——豪伊，伊利亚，罗斯，

为了我的心灵姐妹——安·玛丽和杰西卡，

为了我所有的家人与朋友，无论你们是远是近，我珍爱你们。

我十分感谢托尼亚·达文波特（Tonia Davenport）与北极光团队（North Light team）再次信任我和我的想法。我从内心深处感谢你们，向我的编辑克里斯汀·伯伊斯(Kristin Boys) 鼓掌，感谢她清晰的思维、灵活性与精妙的主意，并且帮助我打造这本书。感谢所有北极光出版社的全体成员，是你们让这本书得以出版，你们的才能让我不由地惊叹。感谢所有做出贡献的艺术家：你们的优秀作品极大地提升了该书的品位。感谢你，我亲爱的朋友杰西卡·西伯格（Jessica Theberge），谢谢你邀请我与你一起去摄影，用你拍摄的照片创作真是天赐良机。感谢我的丈夫和孩子们给我永无止息的爱、鼓励，还有灵感。

感谢我的守护天使格雷斯(Grace)，在风中我常能听到你对我耳语。

我更感谢你们——与我在一起的读者。我希望你们能喜爱这本书，并且希望它对你们有所帮助。

苏珊·塔特尔（Susan Tuttle）与十分支持她事业的丈夫还有她的两个孩子居住在缅因州的一个乡村小镇上。她的工作室虽然狭小但视野开阔，窗外能看到许多树木，这为她在工作时提供了无数的灵感。她喜欢让自己沉浸于一个包括数字艺术、摄影、拼贴、装配艺术和变异艺术的各种艺术的形式中。苏珊酷爱写博客，在博客上她通过照片与文字，试图捕捉她生命中所有简单、平凡事物的美好瞬间。她在大幅的帆布上用大胆的色彩与图案创作出体现自己直觉的抽象作品。你经常可以发现她在垃圾场收集过时的废弃物、金属碎片与旧的满是灰尘的书等。她喜欢把它们融入自己的艺术生活中。

苏珊9岁开始吹长笛，在鹿特根大学梅森罗格斯艺术学校与波士顿音乐学校进行了音乐方面的深造。她在大波士顿地区和缅因州K-12公立学校教了十多年的音乐课程。1996年发生了一起改变她一生的车祸，令人惊异的是她活了下来，而且几乎毫发未损，而她也开始了自己的视觉领域的艺术创作旅程。她珍惜这个她生命中新发现的部分，并把它当做生命中一个可以让她感到充实与完整的必须的构成。苏珊坚定地认为艺术是所有人的，不管它们采取何种形式。艺术不是少数精英才能做的，它可以随时成为你生命中的一部分。

苏珊的第一本书《展览36》（Exhibition36）在2008年由北极光出版社出版。除了在各类北极光出版社的出版物中，还有萨姆萨特工作室（Somerset studio）和一些斯坦普滕出版公司（Stampington & Company）的特殊出版物上也可以见到她的作品。

如今苏珊在她的在线博客与她的艺术馆进行数字艺术的教学。你可以访问她的博客www.ilkasattic.blogspot.com与她的网站www.ilkasattic.com与她进行交流。

目录

引言

混合媒体艺术世界正在不断地扩充其媒介种类以及技术。艺术家们总是在挑战极限，搜寻新的创作方法来满足他们的创造性的激情与好奇心，并为那些混合媒体艺术的爱好者奉献新颖的方法与创意。由照片编辑软件创作出的数字艺术正在迅速成为这一圈子的一部分，其中包括数字拼贴、蒙太奇合成画、相片画、数字转化的“真实”艺术。

许多混合媒体艺术家与爱好者都有兴趣并渴望创作这种类型的艺术作品，但是因为有关这方面特定主题的资料很少，他们往往不能确定如何开始或者不知道去哪里找合适的素材。对于那些有一些数字经验的人来说他们也常常会感到沮丧，他们苦于找不到更加高级与新颖的点子。现在有许多关于照片编辑软件的书，但是它们往往注重于那些可以修正照片的复杂细节。市面上也有大量数字剪贴方面的书，它们为我们提供了可观的信息财富。在创作本书时，我把自己有关数字艺术与混合媒体技术的知识与经验相互融合，希望能提供你正在寻觅的资源。

在这本书中有25个逐步深入的数字艺术设计，它们涉及照片处理、数字拼贴与剪辑、数字绘画和对传统艺术的变异绘画等方面。每个设计都会突出一个特别的艺术技巧或概念。我用Adobe Photoshop Elements 6.0 来创作我的作品。这个软件可以在苹果电脑与个人电脑上使用。十分重要的一点是这些设计能与之前的版本与后续的版本兼容。用Adobe Photoshop（包括Photoshop CS）的读者们也会发现这些设计可以与他们使用的软件相兼容（虽然用法可能有所差异）。

除了那些设计之外，从第8页开始每个重要的技巧与工具都附有一个参考部分，你可以在阅读此书时查阅它。在第140页的数字艺术作品展示区以我的一些高级作品为例，它们是结合了一些你们将要学到的设计技巧创作而成的。最后，本书附有一张CD，这张CD包含了你们可以使用的图像与自定义画笔。事实上一些图像已经被我运用于此书的设计中了。这些图像在设计艺术作品资源表中被标识上了CD的标志⊙。

《Photoshop拼贴技巧》（Hayden Books，1997）的作者格雷戈里·豪恩（Gregory Haun）对数字艺术进行了深入的观察。他把数字艺术定义为：从传统绘画、摄影、拼贴、剪辑、图形设计中汲取的艺术形式。数字艺术组合了这些艺术形式的各个方面，并且通过全新的有趣方法来对它们进行处理，其中某些方法在图片编辑数字技术出现之前是无法实现的。

记住做一件事不是只有一种方法，用图像编辑软件创作数字艺术作品时尤其是这样。当你在体验本书及软件时，就会发现完成一个任务有好几种方法。也就是说，按你需要来使用本书——复制设计、微调设计或者把它们当做你自己突发奇想的一块跳板。

尽情地投入吧，希望你们快乐！

苏珊

基本工具与技巧

在本节中，我将向你介绍各种完成本书中的设计课题所需要知晓的技巧与工具选项。要记住的是，这不是一张完整的Photoshop图像处理软件的操作键清单，这些技巧只适用于本书中所涉及的设计。我建议你能先读完本节，然后再开始进行书中的项目课题。想要熟悉这些工具选项，你得先试用它们。阅读本书其余部分的项目设计时，也可以参考本节内容。

准备工作

我必须强调的是本书不是Photoshop Elements的使用说明。下面所列的是尝试本书中设计项目之前应该掌握的电脑基本功能及必备材料之清单。

你要能够：

安装并打开Photoshop Elements应用程序。使用鼠标或制图板，打开文件；使用菜单及工具条；使用数码相机将你的照片输入电脑并检索它们；使用扫描仪。

你需要的材料：

电脑；Photoshop Elements图像处理软件，最好是6.0或者更高版本（在www.adobe.com有试用版）；数码相机；扫描仪；最好有制图板供选用。

开始

工作文件

在进行设计时，经常需要同时对好几个文件进行操作。但只有一个主文件是需要添加图像或进行改动的。我把这个主文件命名为“工作文件”（Working files）。有时这些文件可能是照片的副本，有时它们也可能是新的空白文件。

新建一个空白文件

创建一个有透明或纯色背景的新文件时，可以选择：**文件>新建>空白文件命令**（File>New>Blank File）。

分辨率

如果想要打印你的艺术作品，请确保所使用的图像有至少300dpi的高分辨率（72dpi是为上传网络而定的）。这样才能保证你打印出高品质的艺术作品[如果你拍的一张数码照片是72dpi，并且它的尺寸很大(见图1)，这依然是高品质的照片，但是在对它进行加工之前你必须用Photoshop把它的分辨率调整为300dpi]。为了保证获得高分辨率的照片，请把你的相机与扫描仪设置为高分辨率。

你可以在**文件>新建**（File>New）中建立一个可以打印的文件。请确保它至少有20cm宽，并把它的分辨率设置为300dpi。你也可以根据你的需要把背景设置为白色或者透明色。

当你把艺术作品放在一起，你会希望它们的数字要素能够相符。你可以在不降低图像品质的基础上，缩小它的尺寸，

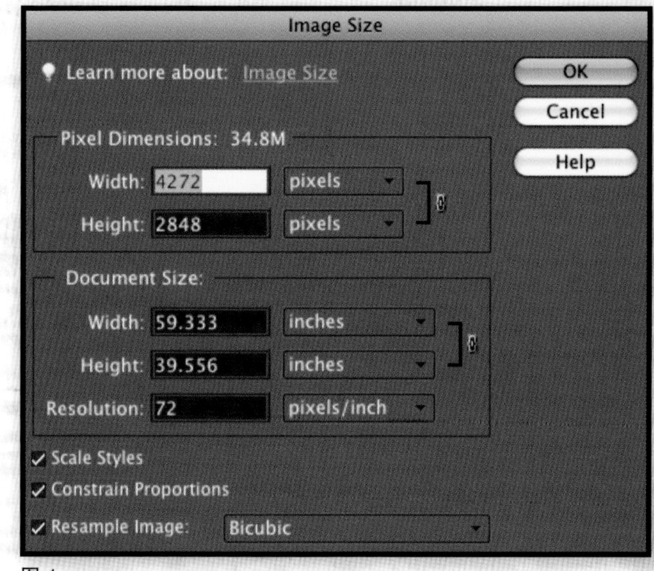

图 1

数码描述：

*如果你只有一幅低分辨率的图像，就不能仅仅通过提高它的dpi来使它变成一个高分辨率图像。这样做你只会得到一张失真的照片，因为这幅图片并没有足够的像素使其清晰。你可以在下拉菜单**图像>调整大小>图像尺寸**（Image>Resize>Image Size）中查看图像的尺寸（见图1）。*

数码描述：

TIFF文件是无损文件，这就是说无论你打开和保存它们多少次，它们的图像品质也不会随着时间过去而降低。JPEG文件不是无损文件，如果你把一个JPEG文件以同一个名称复制多次，它的图像质量将会开始降低，这会造成我们所知的人工制品或者你作品某一个区域的原始像素受到损坏。

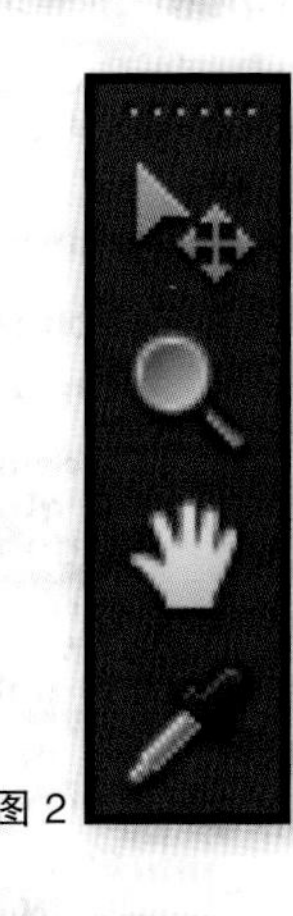

图 2

数码描述：

如果你不能把一个文件移动到另一个文件中去，请确认移动工具是否被选中。

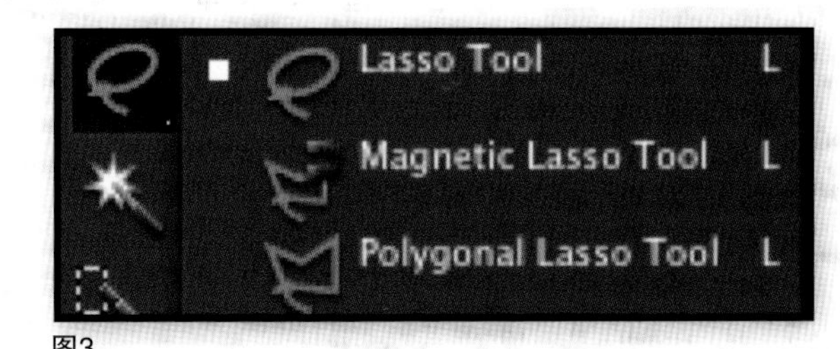

图3

数码描述：

当你从照片中选取对象时，你可以用笔代替鼠标的制图板来操作磁性套索工具，这样效果更好。

但是如果增加尺寸，将会牺牲图像品质。然而我却发现可以使用低质量纹理的照片作为艺术作品的涂层，你通常可以去调节它们的混色模式和不透明度以屏蔽由于低分辨率引起的模糊度。

保存文件

建议最好使用原始图像的复制件来作为你的工作文件，这样你就可以保留你的原始文件［在**文件>复制**（File>Duplicate）中可以复制文件］。如果你想要保存你的工作文件，请把它保存为Photoshop文件（.psd），这样你可以为将来的操作保留所有图层。当你完成了作品，并且不需要为将来的操作而保留图层，那就把文件保存为JPEG（.jpg）或者TIFF（.tif）格式。如果你想要打印你的作品，请确保先以最高质量保存你的图像文件。而且一定要保存你的工作文档。

选择与移动

取消选择

在**选择>取消**（Select>Deselect）选择中，你可以轻松地取消你的任何操作。

用移动工具选择和移动

移动工具（Move Tool）是使用最多的一个工具，在工具面板的最上方（见图2）。在选择和移动图层之前先单击此工具，要改变图层的大小和旋转图层也是如此。你也可以用这个工具把一个文件图像移动到另一个图像中。

用魔棒工具选择区域

魔棒工具（Magic Wand Tool）可以让你在不用套索工具勾画它的轮廓时，快速选择一块颜色相同的区域（比如一条红裙子）。你可以调节这个工具的容差。低容差将会选择与你所单击的像素相类似的较少的几种颜色，而高容差将会选择更多的带有较广色谱的像素。

用套索工具选择区域

套索工具（Lasso Tool）（见图3）能让你做出不同类型的选区。基本的套索工具能让你做出自由形式的选区。如果在选区时你需要进行更多的操控，我推荐你使用另一种套索工具。

当你选择的对象有细微特征，特别是对象与背景对比十分明显时，磁性套索工具（Magnetic Lasso Tool）会很有用。为了选中所要的区域，需要把你的对象勾画一圈，哪里开始就在哪里结束（你将看到一个小小的明显的圆圈）。如果你漏了一部分，只需按下Shift键再把你要添加的地方勾画出来，就可将其加入已有的选区。然后使用移动工具，就可以单击并拖动某个选区。

在选取直线或者有角度的区域时，可使用多边形套索工具（Polygonal Lasso Tool）。

选择颜色

单击在工具面板底部的成套前景色彩盒（见图4），你可以选择你所要喷绘的颜色［可以使用画笔工具（Brush Tool）、铅笔工具（Pencil Tool）、油漆桶工具（Paint Bucket Tool）］。然后一个色彩盒会打开，让你从很广泛的颜色中进行选择。你也可以选择在前景色彩盒后面的那个色彩盒来设置背景色。

图 4

图层操作

图像处理元件（Photoshop Elements）的图层与你创作混合媒体拼贴画时所用到的颜料及纸的表层相类似。你可以用新的图层完全盖住底下的图层，或者让一些底下的图层透过新图层露出来。在图像处理元件中，你添加的任何新图层都会覆盖底下的图层。你可以通过擦除工具，减少图层的不透明度或者使用混色模式让底下的图层显现出来。

图层面板（Layers Palette）

图层面板（见图5）可以显示你创建的每一个图层，它们基本上一个顶着一个排列着。正如你所看到的，这些图层可以有许多不同的操作。在你创作时，你可以开启或者关闭图层——只要在图层面板中单击“眼睛图标”（指示图层可视性），让其出现在图层的左边，然后进行调试直到你觉得合适为止。你也可以通过在图层面板中选中一个图层，然后点击图层面板顶端的垃圾桶图标来删除一个图层。

转化背景图层（Converting the Background layer）

为了保护原始图像，背景图层是不能更改的。要改变背景图层，你必须把它转化为一个常规图层来解锁。双击图层面板中的背景图层，然后重新命名它为Layer图层0（默认名称）。

创建新图层（Creating a new layer）

当你添加一个新图像到你的作品中时（例如把一张新照片拖进你的工作文件中），程序会把它自动放在它自身的新图层上。你也可以通过进入**图层>新建>图层**（Layer>New>Layer）手动创建一个图层。这在你加画笔刷时十分有用。

复制图层（Duplicating a layer）

图层>复制图层（Layer>Duplicate Layer）

通过这个命令你可以复制你作品中的任何图层。在工作文件或图层面板中单击一个你想要最先复制的图层。这个复制

数码描述：

要牢记：如果一个工具的使用结果并不是如你所想的那样，那你很可能遗漏了某个小的选项。你可以通过取消选择命令，重新使用这个工具。

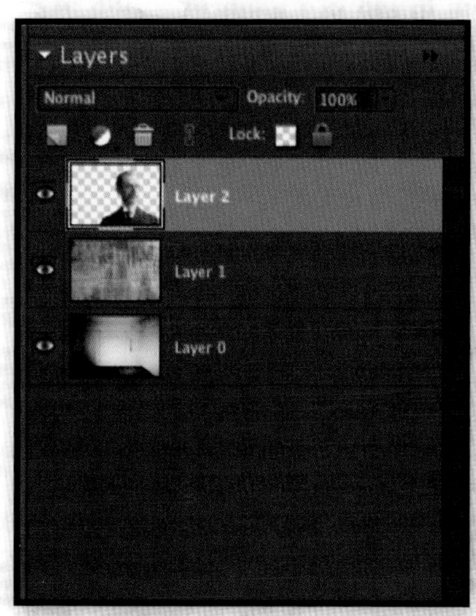

图 5

件将会直接出现在你所复制的图层之上。用移动工具将其单击并拖动到你想要的位置。

放置图层（Arranging layers）

放置图层指的是把一个文件中的图层向前或向后放置。放置图层有两种方法：1. 选择工作文件中的图层，然后点击**图层>放置**（Layer>Arrange）；2.单击图层面板中的图层，然后把它向上拖动使其向前放置，或者向下拖动使其向后放置。

合并图层（Merging layers）

为了组织并简化工作文件，你可以把多个图层合并为一个图层。（只要你确定随后不会对这个图层进行操作）。你可以按住Ctrl键（苹果电脑上是Command　Key键）来选择图层面板中你想要合并的图层，同时单击另一个你想要合并的图层。在你选中图层后那些图层便会被高亮显示。在你选择完图层后你可以松开命令键，然后你可以在**图层>合并可见图层**（Layer>Merge>Visible）（见图6）中合并它们。记住一旦几个图层被合并，就不能再改动了（只能添加图层）。拼合图层［**图层>拼合图层**（Layer>Flatten　Image）］能够合并所有图层，并且把透明的区域变成白色。

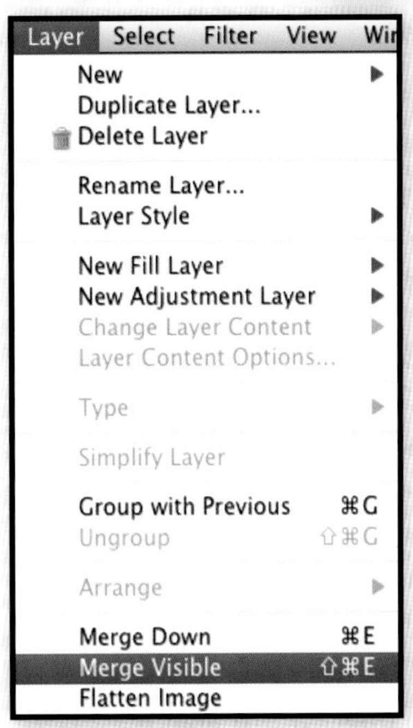

图 6

进行调整

在增强菜单中你可以找到绝大多数用于进行调整的菜单（见图7）。如果可能的话，我推荐使用调整图层［**图层>新调整图层**（Layer>New Adjustment Layer）］，它是对基底影像的基本复制。它可以对你的作品进行许多不同的调整，并且保持原有图层不受改动。通过这种方法，稍后你可以改变或者清除你所做的调整。你也可以通过调整混合模式或者不透明度来调整图层。

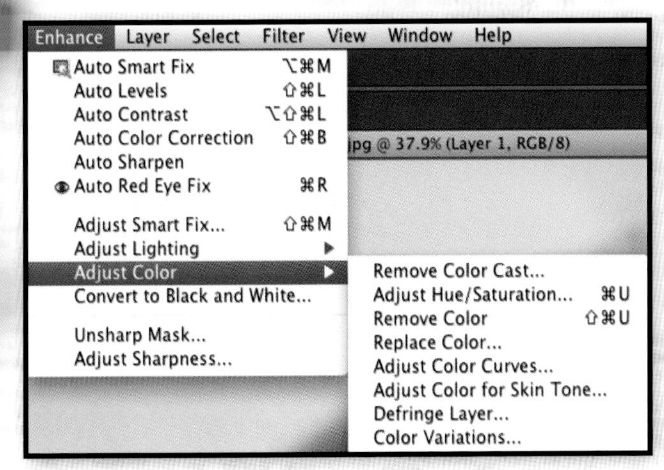

图 7

亮度/对比度（Brightness / Contrast）

增强>调亮度>亮度/对比度（Enhance>Adjust Lighting>Brightness / Contrast）

图层>新调整图层>亮度/对比度（Layer>New　Adjustment Layer>Brightness / Contrast）

这个调整可以让你轻松地调整图像的亮度基调范围。如果你把亮度滑块向右滑动，你将可以增加其基调和高光；如果你把滑块向左移，你将会减少基调与增加阴影。对比度滑块可以用来增加或减少图像的色调值范围。

图8

色彩曲线（Color Curves）

增强>色彩调整>调整色彩曲线（Enhance>Adjust Color>Adjust Color Curves）

通过这个命令你可以调整图像的色调范围。对于一个图像的基调范围，从阴影到高光你可以有最多达14个不同的调整点，这与亮度/对比度菜单相比对图像的操控性更强。

用调节智能修正改变色彩与阴影（Color and shadows with Adjust Smart Fix）

增强>调节智能修正（Enhance>Adjust Smart Fix）

这个自动特性能修正总色彩的平衡度并且提升阴影与高光层次。

色调／色度（Hue / Saturation）

增强>调整色彩>调整色调/色度

（Enhance>Adjust Color>Adjust Hue / Saturation）

图层>新调整图层>色调/色度

（Layer>New Adjustment Layer>Hue / Saturation）

这个命令可以让你对色调、色度以及一个特定颜色或全部颜色的亮度立即进行调整。你可以在编辑下拉菜单中选择你要调整的各种颜色。选中色彩盒后（见图9），你可以把一个图像变成只有一种颜色的阴影。

图 9

不透明度（Opacity）

你可以通过单击图层面板中的图层并且在图层面板顶端的不透明度滑块移动来调整一个图层的不透明度（见图10）。你也可以在它们各自的工具栏中调整各种工具的不透明度。只要把滑块移动到左边就可以增加它的透明度。

图 10

阴影／亮区（Shadows / Highlights）

增强>调整亮度>阴影/亮区

（Enhance>Adjust Lighting>Shadows / Highlights）

这个特性能够使一个阴影、高光变暗或者变亮，并且增加或者减少中性基调的对比度。

清晰度（Sharpness）

增强>调整清晰度（Enhance>Adjust Sharpness）

这个特性可以提升图像的清晰度。记住如果清晰度太高的话，你的图像看起来会比较粗糙。

混合模式

混合模式（Blending modes）是可控制图层相互影响的方式。简而言之，在图像处理软件元件中有许多可用的混合模式，每个混合模式都能创造出不同的效果。混合模式与对它们的基本描述在本节中都有列出。掌握这些效果的最好方法就是在你的设计中使用它们。从一张数码照片开始并且添加一张纹理照片。然后对这个新图层使用混合模式，看看会发生什么！

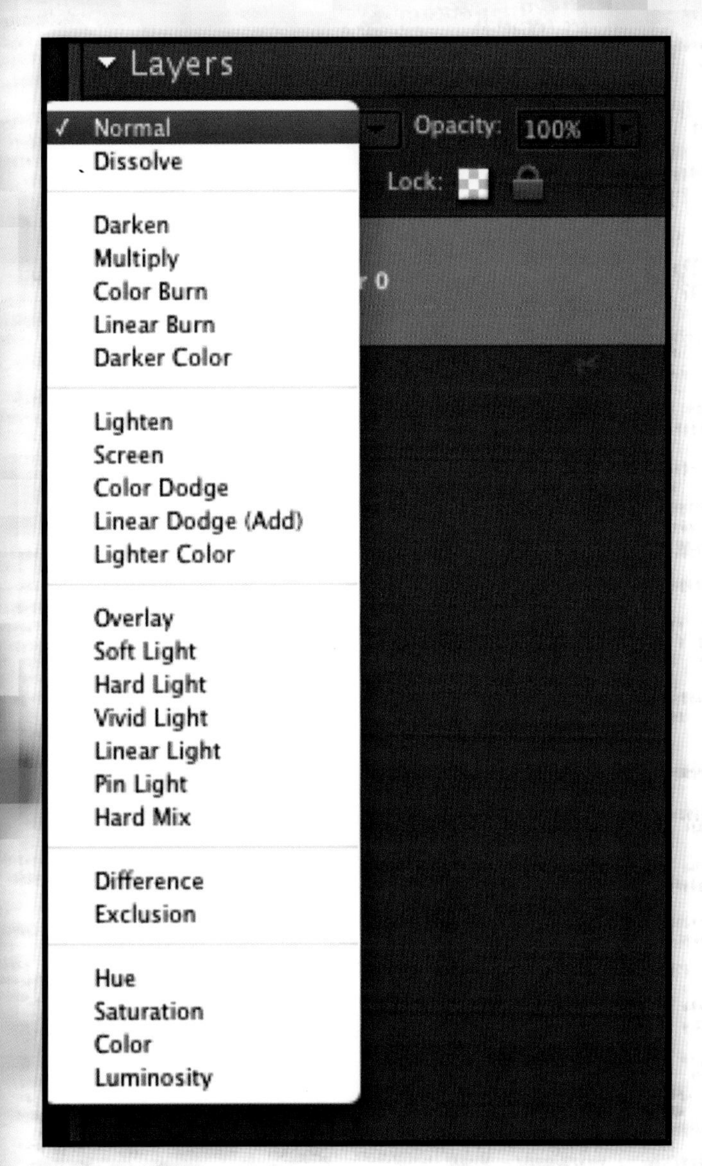

图11

你可以通过单击你的工作文件或者图层面板中的图层来调整一个图层的混合模式。然后你可以在图层面板顶端的混合模式下拉菜单中进行选择（见图11）。

正常（Normal）：这通常是指默认模式或者界限起点。选择这个模式不会改变你的图像。

渐隐（Dissolve）：因像素的任意更换引起，并产生一种渐隐效果。

变暗（Darken）：选择基色或者混合色中较深的那个颜色作为最终颜色。

增加基色（Multiply）：通过混合色来增加基色，所以最终的颜色往往会变深。

颜色加深（Color Burn）：通过提升对比度来使基色变深从而反射混合色。

线性加深（Linear Burn）：通过减少亮度使基色变深从而反射混合色。

深色（Darker Color）：显示色度较低的颜色。

变淡（Lighten）：选择基色与混合色中更淡的那个。

过滤（Screen）：增加基色与混合色中相反的部分。最终的颜色通常为更淡的颜色。

颜色减淡（Color Dodge）：通过减少对比度使基色变亮从而反射混合色。

线性减淡（Linear Dodge）：通过增加亮度使基色变亮从而反射混合色。

淡色（Lighter Color）：显示高色度的颜色。

覆盖（Overlay）：根据基色来增加或者过滤颜色，同时保留基色的亮部与阴影。

柔光（Soft Light）：根据混合色而使颜色变亮或者变暗。

强光（Hard Light）：根据混合色来增加或者过滤颜色，此效果看起来像一个明亮的聚光灯。

亮光模式（Vivid Light）：根据混合色通过增加或者减少对比度来加深或者减淡颜色。

线性光（Linear Light）：根据混合色通过增加或者减少亮度来加深或者减淡颜色。

点光（Pin Light）：用混合色来代替基色。根据色调范围情况，有时可能会没有变化。

强混合（Hard Mix）：把混合色的红色、绿色、蓝色的值加给基色的红、蓝、绿色值。这样就可以把所有的像素变为原色——红色、绿色、蓝色、蓝绿色、黄色、品红色、白色或者黑色。

差值（Difference）：根据基色与混合色哪个有更高的亮度来决定可以从基色中去除混合色，也可以从混合色中去除基色。与白色混合会颠倒基色的色彩值，与黑色混合则没有变化。

排除（Exclusion）：产生的效果与差值相仿，但是其对比度比较低。

色调（Hue）：产生一种有基色的亮度与色度和混合色色调的最终颜色。

色度（Saturation）：产生一种有基色的亮度与色调和混合色色度的最终颜色。

色彩（Color）：创造出一种带基色的亮度和混合色的色调与色度的最终颜色。

亮度（Luminosity）：创造出一种带基色的色调与色度和混合色的亮度的最终颜色。这个模式能产生与彩色模式相反的效果。

注意你可以调整一个你采用了混合模式的图层不透明度。当不透明度设定在100%（默认）时如果效果太差，我常常会这样做。

应用滤镜及效果

你可以在两处找到滤镜——在屏幕顶端的滤镜菜单（Filter）（见图12），或在图层面板上的效果面板（Effects）（见图13）。效果面板为你的图像提供了大量的可能性——这些效果是按照滤镜、图层样式、相片效果来分类的（见效果面板顶端的图标）。在效果面板中你可以看到每个效果的略图。［注意：如果你想要预览或者调整你的实际图像的各种滤镜，你可以选择**滤镜>滤镜库**（Filter>Filter Gallery）］。虽然你还有更多的滤镜需要尝试，下面是一些在本书设计中你将会用到的滤镜描述。

滤镜（Filters）

转化图层滤镜（Invert Filter）：**滤镜>调整>转化或者图层>新调整图层>转化**（Filter>Adjustments>Invert or Layer>New Adjustment Layer>Invert）这个命令可以转化你图像的颜色（注意：彩膜漾印的基底中包含一个橘色的膜片。因此，转化命令不能从扫描的彩色负片中得到精确的正片影像）。

照明效果（Lighting Effects）：**滤镜>着色>照明效果**（Filter>Render>Lighting Effects）如果你想为你的作品添加照明效果，你可以从许多形式（例如：闪光灯、反光照明、柔聚光灯）与光照类型（例如：定向照明、泛光灯、聚光灯）中选择。进一步的调整可以让你对强度、焦点与其他性能进行操作。

彩色铅笔滤镜（Colored Pencil Filter）：**滤镜>艺术效果>彩色铅笔**（Filter>Artistic>Colored Pencil）这个特殊的滤镜能让你的图像表现出用铅笔勾画的效果。你可以调整其铅笔宽度、描边压力、纸张亮度。

干画笔滤镜（Dry Brush Filter）：**滤镜>艺术效果>干画笔**（Filter>Artistic>Dry Brush）这个滤镜可以让你的图像展现出用干画笔作画的效果。你可以调整其画笔尺寸、画笔细节及纹理。

高斯模糊滤镜（Gaussian Blur Filter）：**滤镜>模糊>高斯模糊**（Filter>Blur>Gaussian Blur）这个效果可以迅速使一个部位变得模糊，你可以调整其强度并且为你的图像增加朦胧效果。

动感模糊滤镜（Motion Blur Filter）：**滤镜>模糊>动感模糊**（Filter>Blur>Motion Blur）这个滤镜可以通过一种规定的方向与强度来使你的图像变得模糊。

纹理滤镜（Texture Filter）：**滤镜>纹理**（Filter>Texture）这个滤镜可以为你的图像添加一系列美丽的纹理（例如：龟裂纹、颗粒、马赛克拼贴）。

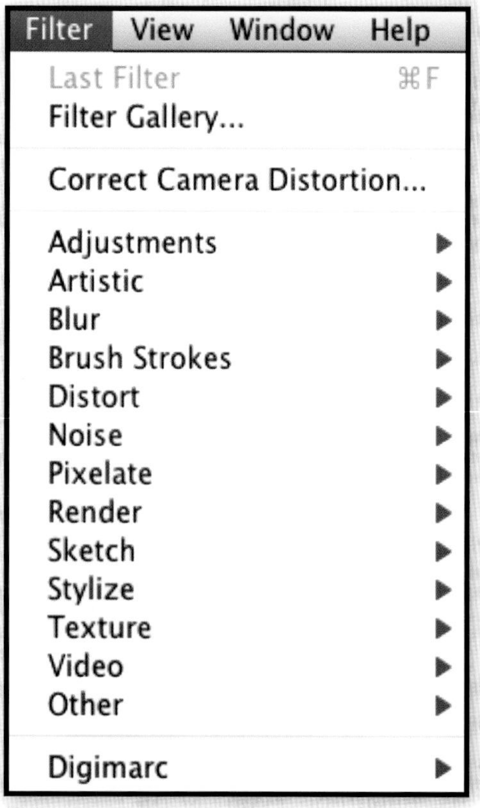

Filter View Window Help
Last Filter ⌘F
Filter Gallery...
Correct Camera Distortion...
Adjustments
Artistic
Blur
Brush Strokes
Distort
Noise
Pixelate
Render
Sketch
Stylize
Texture
Video
Other
Digimarc

图12

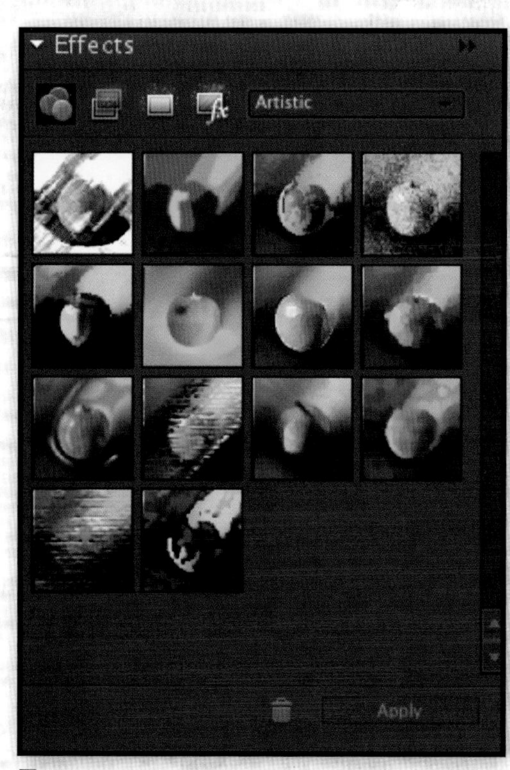

图13

照片滤镜（Photo Filter）：**滤镜>调整>照片滤镜或图层>新调整图层>照片滤镜**（Filter>Adjustments>Photo Filter or Layer>New Adjustments Layer>Photo Filter）用本功能可在图像上添加滤色镜（例如：暖色滤镜和冷色滤镜）。你可以调整每个滤镜的设定值。如果你用该滤镜作为一个新的调整图层，它就会以它自己的图层显现。然后你就可以使用混合模式或者调整不透明度来产生更多微妙的变化。

海报边缘滤镜（Poster Edges Filter）：**滤镜>艺术效果>海报边缘**（Filter>Artistic>Poster Edges）通过这个滤镜你可以减少你图像的颜色并且用黑线确定边缘。

纹理化滤镜（Texturizer Filter）：**滤镜>纹理>纹理化**（Filter>Texture>Texturizer）你可以选择砖块、麻布、帆布、砂岩纹理滤镜并且改变各种设置。

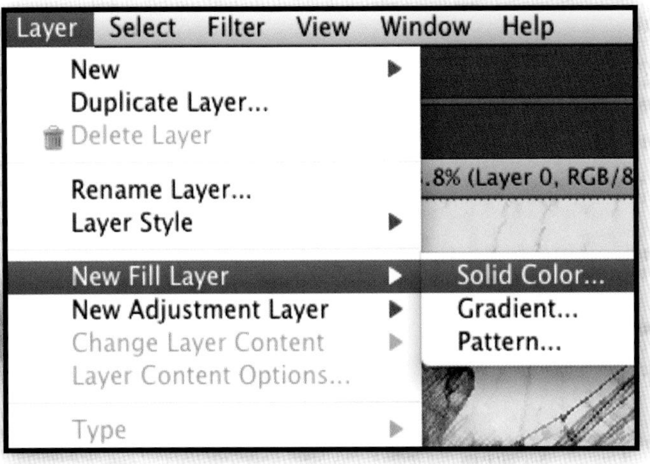

填充图层（Fill Layers）

纯色填充图层（Solid Color Fill Layer）：**图层>新填充图层>纯色**（Layer>New Fill Layer>Solid Color）（见图14）通过这个效果你可以为你的图像应用一个纯色图层。我经常使用它为我的照片或者照片的要素染色。你可以在这种类型的图层上应用混合模式来获得有趣的效果，并且通过减少它的不透明度来产生更微妙的着色效果。

图14

渐变填充图层（Gradient Fill Layer）：**图层>新填充图层>渐变**（Layer>New Fill Layer>Gradient）渐变是指一个从亮到暗的平滑的混合阴影，渐变填充图层可以产生这个效果。你可以在渐变填充图层菜单（见图15）和图层面板中使用混合模式或者改变渐变填充图层的不透明度。我很喜欢使用含有光照效果的混合模式（例如：强光、柔光、亮光），正如在第110页的《世界之间》（Between Worlds）所示。

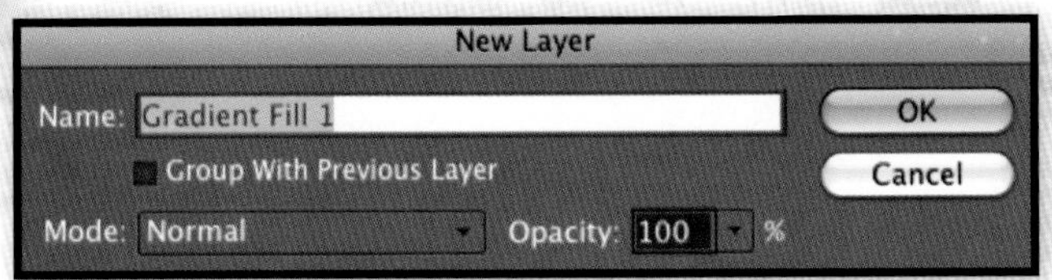

图15

其他技术

复制文件（Duplicating a file）

在**文件>复制**（Filter>Duplicate）中你可以复制你打开的文件。如果你正在用一张照片作为工作文件启动，那么你最好首先将照片复制。

复制一个选择（Duplicating a selection）

要复制一个选择，你首先需要使用套索工具选择它。然后点击**编辑>复制**（Edit>Copy），接着**编辑>粘贴**（Edit>Paste）。复制件就会直接出现在你复制的选择上方，然后使用移动工具单击并将其拖动到你所需要的位置。

选择边缘羽化（Feathering edges of a selection）

点击**选择>羽化**（Select>Feather）可以使你用套索工具选中的边缘变得柔和与模糊。你可以根据你的需要设置羽化半径——数值越高，羽化效果越强。使用羽化时一些选择边缘的细节将会丢失。当你把它移动到你所需的位置时你将会真正体会到本工具的效果。

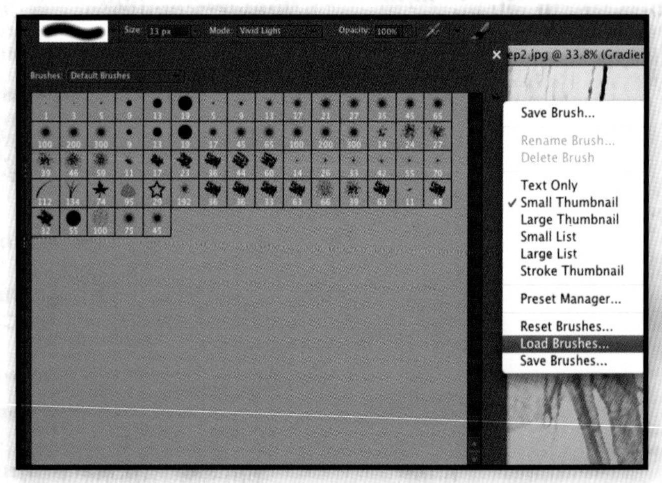

图16

加载自定义画笔（Loading a custom brush）

如果你下载了一个自定义画笔，你需要将其载入在画笔工具栏左上角的画笔菜单中。为了从硬盘的文件夹中把画笔载入画笔菜单中指定的画笔面板，你需要单击画笔面板右边的双箭头并且选择载入画笔（Load Brushes）（见图16）。请按照步骤从硬盘中的画笔文件夹中检索你的画笔。你的设置将会出现在画笔菜单中。记住如果你转向另一个画笔的设置，你新载入的设置将可能消失。如果你希望再次使用那个设置，你需要重新从硬盘中载入那个画笔（参见第93页的第4章，你可以获得有关创造你自己的自定义画笔的详细信息）。

重调尺寸（Resizing）

你可以通过选择移动工具，单击你工作文件的图层，然后拖动在图像角落与边缘的空心方块来重新调整一个图层尺寸。按下Shift键可以在重调你的对象尺寸时保持其原来的比例。

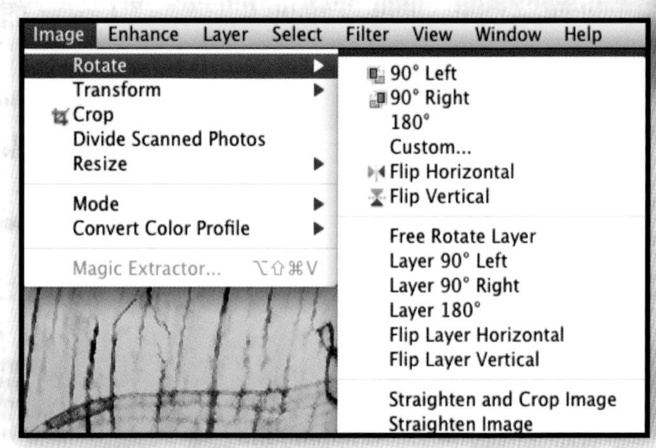

图17

旋转与翻转（Rotating and flipping）

旋转与翻转选项均位于**图像>旋转**（Image>Rotate）菜单中（见图17）。前面的6个选项可以旋转或翻转整个工作文件，后面6个选项则可以旋转或者翻转一个图层。

自由旋转（Rotating freely）

你可以通过两种类似的方式来自由旋转一个图层。（1）选择图层，然后单击图层中心与底部的空心圆（见图18），然后拖动其旋转。（2）选择图层，然后把光标放在空心方块的顶部直到其变成拱形箭头，然后拖动其旋转。请确保在旋转前移动工具被选中。在**图像>旋转**中你可以设定图层特定的旋转度数与特定的旋转方向。

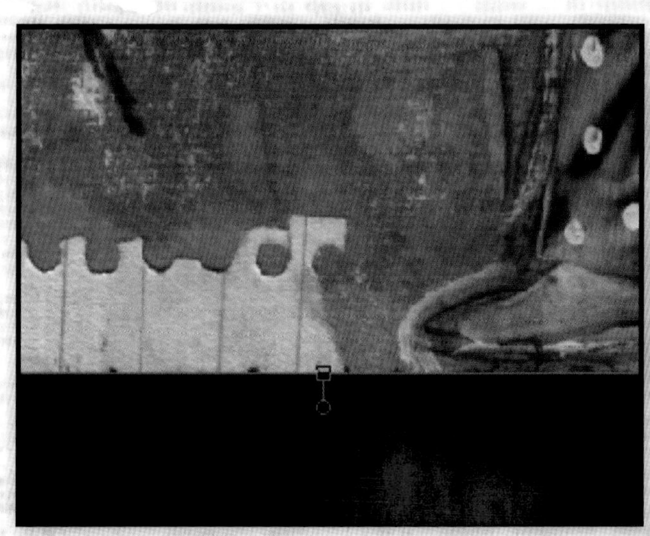
图18

图19

使用工具

我们已经介绍了一些工具（移动工具、套索工具、铅笔工具）。下面是在本书设计中你将用到的工具面板中的工具的介绍（见图19）。注意每个工具都有自己的工具栏，他们拥有更进一步的选项，当该工具被选中其工具栏就会出现在屏幕顶端。

模糊工具（Blur Tool）

本工具可以使硬边缘变得柔和并且模糊细节。你用该工具涂抹图像的次数越多，你的图像就变得越模糊。

画笔/铅笔工具（Brush / Pencil Tool）

画笔工具（Brush Tool）与铅笔工具（Pencil Tool）（见图20）都可以用来作画。画笔工具的线条比较松软，而铅笔工具作出的线条轮廓鲜明。你可以选择你的画笔类型，并且在工具栏中调节它的尺寸、模式（混合模式）与不透明度。你也可以使用附加画笔选项盒中的附加选项（只要单击在不透明度设置右边的画笔图标）。除了画笔与铅笔工具外，在使用各种各样的工具时你也可以选择不同的画笔预调装置。

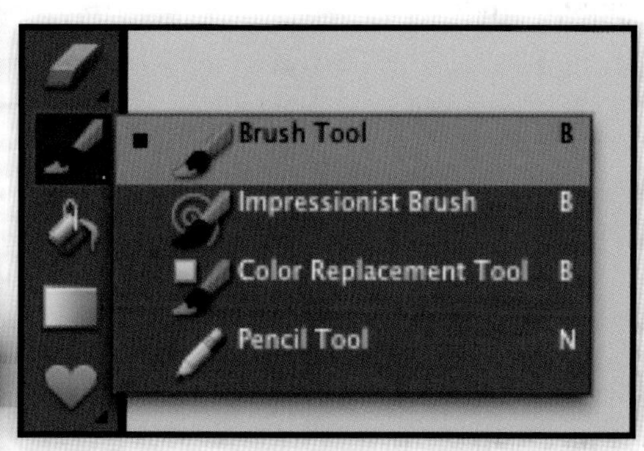

图20

加深/减淡工具（Burn / Dodge Tool）

加深（Burn Tool）与减淡工具（Dodge Tool）都是以传统摄影技术为基础的，也就是在一幅画面的选定部位控制曝光的技术。加深工具将会使你的图像区域变暗，然而减淡工具能使你的图像变亮。

仿制图章工具（Clone Stamp Tool）

本工具能把图像的一个部分复制到另一个部分中。为了使用这个工具，你需要在按下Alt键（苹果电脑上是Option键）时左击你要复制区域上的光标，然后松开按键。当你在复制时，将会出现一个十字，它将告诉你正在复制的区域。你也可以对工具栏中的设置进行调整。

色彩置换工具（Color Replacement Tool）

色彩置换工具在画笔工具的弹出菜单中。使用这个工具你可以置换你作品中特定的颜色（例如：你可以把所有红色区域变成黄色）。你可以调节工具栏中的设置并根据你照片的颜色调整其容差（低容差时置换的颜色将会与你单击的像素颜色相似，高容差将会使置换的颜色更加广泛）。通过单击设定前景色盒你可以选择一个前景色作为新颜色，然后通过单击设置背景色盒来选择你想要置换的颜色（使用吸管取色器把颜色从工作文件中提取出来）。

裁切工具（Crop Tool）

通过这个工具你可以去除图像中你不需要的部分。选择

数码描述：

我建议把画笔绘制和铅笔绘制（Brushwork & Pencil work）放在它们自己的新图层上，与在现存的图像上作画相反。这样做可以让你以后对单个图层进行修改（如果绘画工具不在一个新图层上，你就不能调整像混合模式一类的项目）。

你图像中想要保留的区域，然后单击选择右下角的绿色选中标记，你便可以进行裁切。在工具栏中，根据你要裁切的部分，你可以选择一个标准比率尺寸或者自定义尺寸。

擦除工具（Eraser Tool）

我用这个工具来清除选择的边缘和其他不需要的部分。要获得最好的效果，你可以使用缩放工具来放大一个区域。如果你选择了一个背景色，并且用了橡皮擦工具，橡皮擦工具将会应用你选择的背景色。如果你没有选择背景色，它将会把你的像素变成白色（或者透明，如果你的文件是透明的）。

吸管取色器工具（Eyedropper Tool）

只要单击需要的颜色，这个工具就能提取你工作文件中某一区域的颜色（或者其他打开的文件），并且指定它为前景色。

选框工具（Marquee Tool）

通过这个工具你可以选择一个椭圆或矩形。在选择时按下Shift你就可以选择一个圆形或者正方形。

油漆桶工具（Paint Bucket Tool）

只要单击一次，这个工具就可以让一个区域充满同一种颜色。如果你选择了一个前景色并且单击你的作品，油漆桶工具将会把你单击的颜色填满像素，同时也将填满类似的像素（例如：如果你有一个圆形，它将填满整个圆。如果你有一张精细的照片，它将填满较小的区域）。你可以尝试调整容差（容差越高，单击一次应用的颜色就越多）。进一步的选项包括消除锯齿（为了让边缘平滑）、连续像素（填满与你单击像素相连的所有像素）与所有图层（填满所有可见图层的像素）。如果你希望采用不是一幅单色的图案，你可以在油漆桶工具栏中选择一个样板。

文字工具（Type Tool）

如果你选择了这个工具并且单击了你的工作文件，将会出现一条虚线。你可以开始像在文件中一样打字，用几乎相同的方法输入与编辑。在工具栏中，你可以选择字体与颜色，调整它的尺寸与字体，选择对齐方式。你可以创建一个变形文字（拱形的T，见图21），并且改变正文定向（在文字变形按钮的左边）。尝试是发现其他可能性的最好方法！

缩放工具（Zoom Tool）

这是我在与其他工具相互配合进行具体作业中最喜欢的一种工具。缩放工具在工具面板的顶端。在工具栏中选择“+”，然后单击你的设计主题可以进行详细的放大。选择“–”可以把你的设计主题变为实际大小或者变得更小。你也可以按下Alt键（苹果电脑上是Option键）来改变缩放的方向。

数码描述：

你可以用套索工具或者选框工具做出选择，并且用油漆桶工具中的颜料将选择填满颜色。

数码描述：

单击在屏幕顶端的工具栏中的消除锯齿盒子能给你所选的区域一个光滑的边缘。

图21

数码描述：

当使用画笔工具、铅笔工具，或者油漆桶工具时，按下任选项Alt键（苹果电脑上是Option键）你就可以在图像中选择一种颜色，并将其变为你要绘制的颜色。

必备要素

在每个课题的开头都会出现“必备要素”这个部分，它将告诉你完成这个设计主题所需的数码素材与需要知晓的操作技巧。在你进行设计时记住下面的信息。

技术技巧

每个课题的指导都是为了向你展示如何建立不同种类的数字艺术。在课题中许多工具与技巧是类似的。同样，指导并不包括先前介绍的一些基本技巧与工具。技巧清单列出了在设计中你要了解并知道如何使用的工具与基本技巧。你可以回到第8页至第18页查看那些技巧与工具。

下面这个照片向你展示了你将要进行设计的图像类型。从上到下是：主题相片、纹理照片、环境照片。你可以在本书的CD中找到这3张照片。

数码材料

本节列出了你完成这个设计所必需的数码文件。我建议在开始设计前收集好所有的材料。我欢迎你们使用我自己设计中用的同样的图像。我的CD已经包含了我设计中的所有材料（并非我自己的创作）。请不要忘记使用本书中附带的CD!

背景照片：你想要选择一个适合作为背景的图像。像青草、树木、花、云之类的自然元素在制作印刷品与图样中都可以用做很好的背景。

环境照片：这是指可以放置主题的背景照片，如一个室内房间或者一个室外风景（如田野、森林）。

主题照片：这是数码艺术的重点，它通常被放在环境照片的顶端。这个主题不需要一定是人（动物也可以作为主题）。

纹理照片：你想要选择一个有纹理的图片，我通常会指定你所需要的纹理类型，如一个粗糙的纹理（像锈迹或者混凝土）、自然纹理（如树木），或者老式纹理（比如旧羊皮纸）。

附加相片：是指你需要的其他图像，如果我不指定类型，你可以选择任何你喜爱的类型。

字体文件夹：你可以使用你系统中或者免费下载的各种字体。

自定义画笔：这个画笔并非是已经装在程序中的。你可以在网上搜索或者自己制作自定义画笔（见第93页）。在多数情况下，当一个设计需要自定义画笔时，你可以用预先安装的画笔来代替，以创造出类似的效果。

agery through the use of photo editing software. In this chapter, I

igitally manipulating either a single photo or a combination of two ph

too tight

too loose too tight

nipulating either a single photo or a combination of two ph

effects that will transform your photographs to a

create a vignette effect by darkening the edges

old-fashioned colorizing technique that was

century. Add textural layers to your

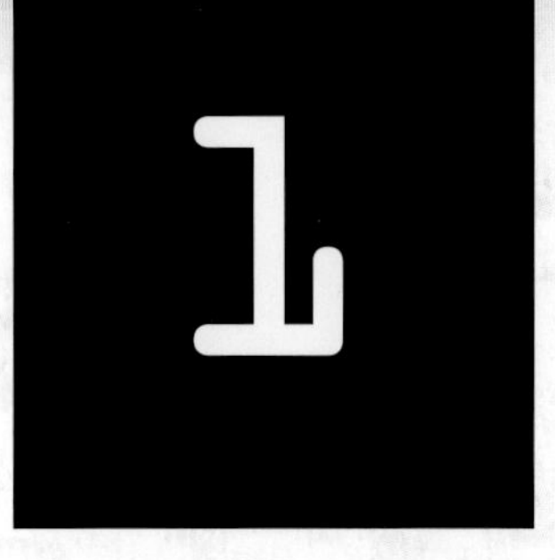

影像处理

修改一两张照片所采用的技术

数码照片处理技术确实是名副其实，它就是通过使用图像编辑软件对图像进行数字处理的一门技术。在本章中，你可以对一单张或组合的两张照片进行数字处理。

我会教你如何使用这些功能，让你拍摄的照片达到一个全新的水平。学会用色彩使某张照片的局部出彩。将你的影像边缘变黑来产生一张半身晕映照片的效果。要添加少许亮点和噱头可以给你的影像加上纹理图层。你就会发现这些技术不仅强化了照片及改变了这些照片的视觉效果，而且通过添加新艺术特点和立体感技术也给这些照片带来了一种诗情画意般的感觉。

密语

用色彩填充图层制作晕映影像

我走过我最喜欢的当地古玩店的拐角时，那里深深吸引我的就是她——这个典型的玩具娃娃。她有很多故事要讲，轻声细语地将她的过往讲给我们听，我在多年前就开始关注她了。为了产生一种诡秘的感觉，比如一种未知的过去，我给该照片加上了半身晕映照片的效果。通过加深照片边缘产生一幅半身晕映照片会给你的影像一种怪异而神秘的质地。换句话说，我不会推荐这种晕映效应来拍摄结婚照——当然除非你要哥特风格的照片。

必备要素：

数码材料

主题人物照片

主要艺术作品的来源

玩具娃娃的照片：书中CD

技术手段

复制一个文件（P15）
羽化（P16）
加上一个纯色填充图层（P15）
调整一个图层的不透明度（P12）
合并图层/拼合一个图像(P11)

使用工具：

选框工具（P18）
擦除工具（P18）

1

复制该文件

打开该照片并将其复制。这就成为你的工作文件。

2

选择照片的焦点

用椭圆选框工具选择该照片的焦点（按下Shift键选择一个最佳的圆）。此处，我选择了玩具娃娃的头和肩膀。

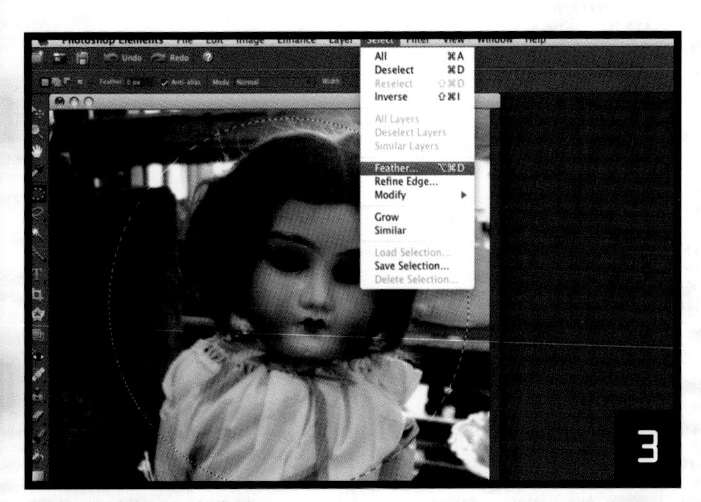

羽化所选区域的边缘

羽化（Feather）所选区域的边缘，设定羽化的半径为40像素。

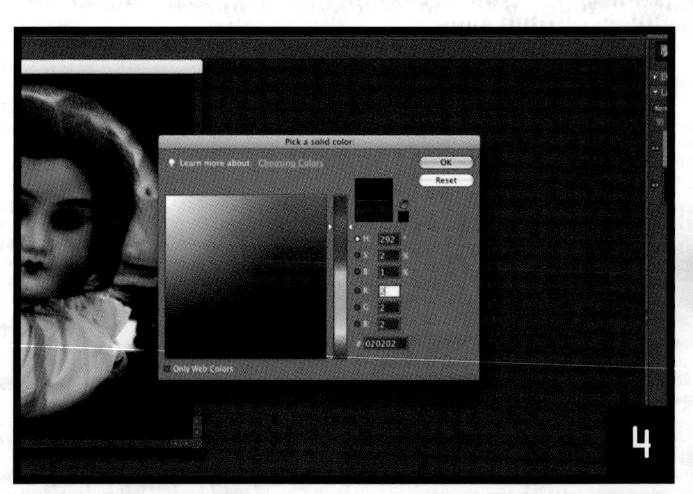

加入单色的填充图层

现在将圆形选择区外侧区域变暗。进入选择>反向来选择该区域（Select>Inverse）。加入一个新的单色填充图层。用吸管取色器选择黑色并点击OK。

将玩具娃娃的边缘与背景混合

将该图层的不透明度约降低到70%，然后采用擦除工具（Eraser Tool），设定不透明度至29%来擦除椭圆边缘的某些部位。这样就将玩具娃娃的边缘与背景进行了混合，当你完成时，将该图像平面化并保存该文件。

数码描述：

当你需要制作一幅半身晕映照片时，首先要确定你需要哪一种特征风格：你是只要有点晕映，还是要某些部位特粗并轮廓鲜明的？当创作一幅半身晕映照片图层时我倾向于精妙诡秘的特征风格——我通常不用太黑的边缘而喜欢用一个柔和的圆周。我利用了剪辑任选项和擦除工具，并设定一个低不透明度来产生这样柔和的半身晕映照片。关于轮廓更加鲜明的半身晕映照片的佳品实例，请见下一页有贡献的画家索妮亚·卡利莫尔（Sonya Cullimore）的作品。

卡瓦鸟岛 | 作者：索妮娅·卡利莫尔

这只鸟和树枝对着天空的侧影吸引了索妮娅的眼球。放大相机的镜头并突出更加的紧扣主题。索妮娅采用了软件：Corel Paint Shop Pro。对该主题用这张照片以相同的手法制作了一幅半身晕映照片。该黑暗部分与带淡色天空轮廓侧影的对比度给人以奇妙而诡秘的感觉。

使用软件

Corel Paint Shop Pro。

试试这个技巧

采用一张高对比度的照片来创建一幅晕映照片。不必减少其不透明度，只要留下填充图层的黑色即可。

南瓜灯

色彩的凸显部位

每年在我的家乡缅因州小镇的万圣节，居民们都期盼着一家子聚集在一起观看一种绝妙的杰克灯笼展示。此处拍摄的南瓜灯被巧妙地放置在农舍古老的石壁上，再加上绚丽的色彩使这幅照片达到了最佳的效果——杰克南瓜灯笼都亮了，当你要突出你的照片里某一重点元素（或几个元素）时，一种艺术处理的方法就是要保持这种元素的色彩并减少其他元素的饱和度，这样在主题中内在的情感色彩就会得到强化渲染，同时你也会发现带色彩的元素确实绚丽夺目。嘘！

必备要素：

数码材料

主题照片

技术手段

复制一个文件（P15）
将背景转化为图层0（P10）
调整色调/色度（P12）
重复选择一个主题（P10）
调整亮度/对比度（P11）
放置图层（P11）
调整一个图层的不透明度（P12）
合并图层（P11）
复制一个图层（P10）
应用高斯模糊滤镜（P14）

使用工具：

套索工具（P9）
仿制图章工具（P17）

1

选择要保留颜色的区域

创建你照片的一个备份作为你的工作文件。将背景图层转化为图层0。采用磁性套索工具（Magnetic Lasso Tool），选择照片上你要保留颜色的部位，然后按下Shift键并选择另一个部位。重复这个步骤直至所有部分都选到了为止。此处我选择了杰克南瓜灯笼。

2

清除在背景上的颜色

当你要保持所选部位的颜色并要去掉照片其他部位的颜色时，可以进入选择>反向（Select>Inverse）。最有趣的部分来了！打开色调/色度（Hue/Saturation）菜单，保持编辑设定值设定至主机。向左移动色度滑尺到底（–100），将所选部分变成黑白色。然后取消选定工作文件中的所有部分。

按需要调整边缘

现在你可以按需要调整边缘（这儿，我注意到一些南瓜的边缘变成了灰色，而背景的其他有些部位仍然是彩色的）。将靠近彩色区域的边缘放大。选择仿制图章工具并设定该画笔尺寸至小。用彩色涂描灰色区域，复制某些色彩并拷贝至任何不需要的灰色区域。采用相同的手法使任何不需要彩色的区域变成灰色。

增加对比度

彩色（及灰色区域）能变得稍稍暗淡，故可采用亮度/对比度（Brightness / Contrast）菜单按需要调整你的对比度。至于我的作品，我把亮度（Brightness）保持在0并将对比度（Contrast）调整至+36。这就造就了色彩的光彩夺目。

复制图层并应用高斯模糊滤镜

要给作品一种神秘怪异的效果，用于万圣节最为理想，我设置了一个绝妙的诡计！适当给不同的对象一种扩散光效应。要采用这种视觉，首先要确保你只有一个图层［图层0（Layer0）］（如需要，拼合所有图层）。复制那个图层，然后应用一个高斯模糊滤镜(Gaussian Blur Filter)来复制图层。设定半径(Radius)至11.4像素。

减少图层0的不透明度

放置好所有图层，这样图层0的复制件就位于图层0之后（选择发送至背后）。在图层面板中，选择图层0，设定该不透明度（Opacity）至60%。当该作品完成时，将该影像平面化并保存该文件。

识别标志 | 作者：索妮娅·卡利莫尔

索妮娅发现了在道路交叉口提醒等待的这种绝妙的STOP标记图案，她在找到停车位以后，急忙回到这地方拍摄了这张照片。为了突出这个标志，索妮娅除了对某些地方稍作处理外，其他都采用了相同的色调突出效应，她复制了这张照片（通过复制该背景图层）并减少了整个图层彩色的饱和度，然后她采用了徒手选择工具在该复制的图层上选择了STOP标志，同时删除了该选择，这样就将彩色的STOP标记显示在背景图层之下。

使用软件

Corel Paint Shop Pro。

试试这个技巧

用醒目色彩标记制作另外一件作品，但是这次要使用索妮娅·卡利莫尔上述说明的方法。

无拘无束

用文字功能设计

数码描述：

网上有大量的有趣字体可以使用（免费的哦）！包括：

www.1001freefonts.com

www.dafont.com

www.urbanfonts.com

www.fonts.com

你在做你自己吗？我们总是用一些告诉我们如何做人的信息来问自己。有时这些信息变得如此喧嚣，以至于我们会忘记倾听我们内心的诉说。大声嚷嚷就是表示我们必须得到哪些东西。可媒体却控制我们所接触的信息而且还支配着我们的思考方式。本作品就是根据这些观察做出的反应，这就是我经常思考并尽量注意的问题，我们应远离喧嚣，坚持原则并自主决策，事实上我们是怎么样的人而我们又真正想成为什么样的人。该给这些人物的外表上色了。

本作品特别的主题将向你展示与你作品中的文本相融合又非常有趣的方法，你可以学会如何组合字体及文本色彩以产生亮点、旋转及歪斜文本，同时调整文本图层的不透明度。

必备要素：

数码材料

主题人物照片；两张不同的人体模特照片
字体：各种字体
自定义画笔：材质画笔

主要艺术品的来源

模特儿照片：
www.morguefile.com
材质画笔：
www.obsidiandawn.com
（发现于www.deviantart.com按"红头存放"）

技术手段

复制一个文件（P15）
将背景转化为图层0（P10）
移动一个文件到另一个文件（P9）
调整一个图层的混合模式（P12）
调整一个图层的不透明度（P12）
合并图层/拼合一个图像（P11）
调整清晰度（P12）

使用工具：

文字工具（P18）

复制一张模特照片

打开两张模特照片。对一张照片进行复制。这就成为了你的工作文件。

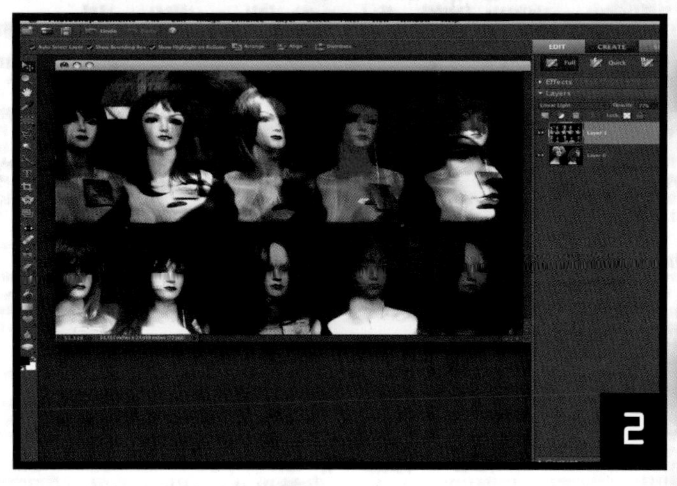

加入其他照片并调整图层

将工作文件的背景图层转变为图层0。然后移动其他的模特照片（这个可以变成图层1）进入工作文件。将图层1的混合模式设定至线性变亮模式(Linear Light)并调整其不透明度(Opacity)至77%。拼合两个图层。

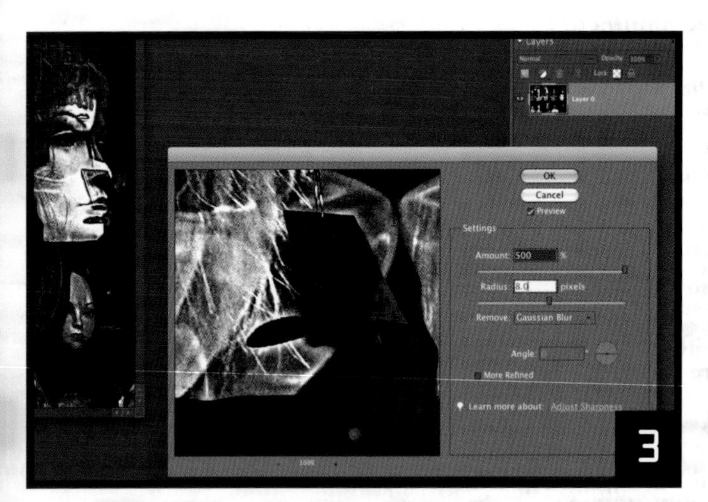

调整清晰度

打开清晰度菜单并调整新图层0的清晰度。设定的标准值：总量（Amount）：500%；半径（Radius）：8.0像素；清除（Remove）：高斯滤镜（Gaussian Blur）；角度（Angle）：0。将清晰度调整至最大值将使模特光洁真实的质感变化得更像油画或图画影像。

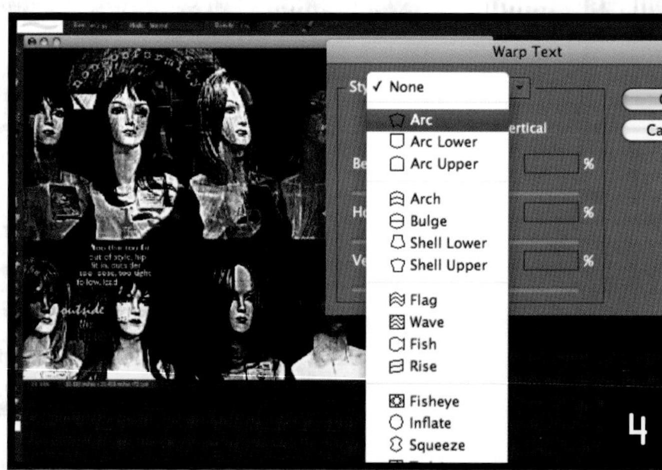

加入文本图层

选择文字工具(Type Tool)。将各种短语打入工作文件中的不同图层。不同的短语要选择不同字体、大小和颜色，并调整歪斜的文本插图、字体、大小、颜色选择和在文字工具栏中出现的歪斜文本。

然后按需要改变某些图层的不透明度。

加入主要文本并采用自定义画笔

选择一种颜色和字体。在影像上打上主要文本（此处，我打了“由你决定”），然后加载一支自定义材质画笔（或只是在画笔面板中选择像画笔的材质），用白色低不透明度。在整个图面上盖上画笔印章。

接着，如你有一块图形输入板和钢笔，可以用铅笔工具勾出文本的轮廓。我用位于基本画笔面板中的硬手工4像素画笔。或者，你只要在字母上加上一笔。首先进入图层>简化图层，然后编辑>居外描边［Layer>Simplify Layer, Edit>Stroke (Outline) Selection］。选择宽度1像素并按需要调整其他设定。当该作品完成时，对该影像平面化并保存该文件。

数码描述：

以下是一些文本制作的创意小贴士：

- *当你用歪斜文本进行试验的时候，你也可以用文字工具栏的字体下拉菜单中更多的字体。*
- *试着旋转一些文本图层用于加入有趣的元素。*
- *你可以用效应工具箱中的各种任选项给文本加上需要的效应。*

无题 | 作者：克里斯·布朗（Chris Brown）

克里斯说：“在我所有的设计作品中，主题就是在照片元素和图画元素之间达到一个完美的平衡。”他为他的杂志《加油》设计了这张尚未出版的版式。克里斯没有使用文本工具来获得歪斜文本，而是使用了几套与文本配套设计的自定义画笔。

使用软件

Adobe Photoshop CS2，Adobe illustrator CS2。
照片提供：谢丽尔·舒尔克（Cheryl Schulke）

试试这个技巧

不用文字工具来获得旋转、歪斜文本，而是下载并安装一组自定义画笔系统（在www.graphicstras.com查出自定义系统画笔的选择），找出如何加载这些画笔，参见第16页。

圣·奥古斯丁

纹理覆盖图层

邋遢的标记、乱写乱画及污迹斑斑也许可以给某一张照片增添一些特质，正如我在圣·奥古斯丁海滩码头上拍摄的这幅照片中所显现的一样。用一种纹理覆盖层可以轻易获得这样的效果，关键是只能将纹理影像加至不透明度较低的照片上。想要获得有趣的效果，你可以对纹理图层采用混合模式。我喜欢拍摄许多照片来创造更多属于我自己的纹理图像。如那些锈蚀的金属、混凝土地面、剥落的漆皮碎片、被擦伤的表面、被雨点打湿的窗户及大雾中的田野这些都能产生时髦的纹理效果。创建一个自己的影像储藏室，你定会乐在其中。

必备要素：

数码材料

水环境照片：如海洋、码头、湖边、河流等

纹理照片：杂乱的纹理图案

主要艺术品的来源

- 码头照片：本书CD
- 纹理影像：本书CD

技术手段

复制一个文件（P15）

将背景转化成图层0（P10）

移动一个文件到另一个文件（P9）

重调尺寸（P16）

调整一个图层的混合模式（P12）

调整一个图层的不透明度（P12）

合并图层/拼合一个图像（P11）

调整色调/色度（P12）

使用工具：

裁切工具（P17）

复制水的照片

创建一个关于水照片的备份，作为你的工作文件。

加上纹理照片

打开纹理照片并将其移动至你的工作文件中，并放置于水照片的上面（背景图层）。按需要重调纹理照片（当前为图层1）尺寸以适合工作文件的大小。

3

调整纹理图层的方式和不透明度

设定图层1（纹理照片）的混合模式至彩色变暗(Color Burn)并设定不透明度(Opacity)至59%。

4

裁切影像图面

将该照片大致裁切至一个正方形（按需要）。如果你喜欢选择一个特殊的裁切比例，可采用在裁切工具栏(Crop Toobar)中的长宽比例下拉菜单，你可以点击背景图层也可以点击图层1进行裁切。

5

拼合各图层并调整色调/色度

拼合背景和图层1，要给该照片一种海绿色及一种优雅的感觉，应调整色调/色度（Hue / Saturation）。我将色调（Hue）调至–18，色度（Saturation）至–42。当完成该作品时，保存该文件。

数码描述：

如果你没有自己的纹理库，你可以访问以下网址以找到你确切需要的照片：

www.textureking.com

www.inobscuro.com

克里斯蒂·海德克集团（Chrysti Hydeck）的“给你自由”Flickr集团（这是一家以照片服务为主的网站）网站：

www.flickr.com/photos/Chrysti/collections/72157604015853630

“用于图层的纹理图片”Flickr集团：

www.flickr.com/groups/textures4layers

时间密语 | 作者：克里斯蒂·海德克（Chrysti Hydeck）

永恒的寂静萦绕着本幅作品并暗示着一个单身独处的时刻，经常需要从黑暗里渴望光明，跟恐惧作斗争以及如何化解纠结在我们心中的郁闷和矛盾。这幅分叉树的给力照片与手绘纸面，涂鸦的窗户、飞行的小鸟及小小斑点的纹理结构图层组合起来产生了一张仿佛在向时间老人默默诉说的永恒相片。

克里斯蒂调整了每个图层的对比度及覆盖效应来获得本作品所描绘的黑暗基调。

使用软件

Corel Paint Shop Pre Photo X2。

纹理图案：克里斯蒂·海德克（www.createwithchrysti.com）及尼科尔·范（www.nicholev.com）

试试这个技巧

在混合你的照片及纹理图层之前，应将它们转化成灰色（黑与白）。要这样做的一种简易方法就是进入强化>调色>清除颜色（Enhance>Adjust Color>Remove Color）。

绘画及制图

应用画笔工具及滤镜功能来仿制传统美术作品

你对用现实主义笔风来画油画及绘图有一种恐惧吗？我就有。如果给我一张空白的油画布而且我自己又有太多的创作思路，我就经常会感到无从下手。图像处理软件（Photoshop Elements）就能帮你克服这种恐惧。该程序包含了你唾手可得的数码工具并且使传统意义上油画和绘图的工艺过程变得容易得多。画笔工具预调件包括了每一种想象得到的画笔风格，这样你可以进一步微调来满足你的需要。如果你将你的绘画作品放入单独的图层内，晚点你还可以将它们微调得更细腻，或删除你不满意的部分。这样就真正消除了你的压力，它也成为你出色的学习工具。图像处理软件也可以内置于滤镜——类似于水彩画、粉笔和木炭画、彩色铅笔及更多画种——你就可以点击按钮将你的照片转化为素描及油画。那么你还在等什么呢？赶紧享受接下来的乐趣吧。

甜蜜的睡梦

用艺术效果滤镜：彩色铅笔绘画

所有的父母都会收藏孩子最讨人喜爱的照片——我女儿的这张照片就是我的挚爱。很自然地，我会在图像处理软件里将该照片打底画画，我采用了一些滤镜功能。有时我们所有人都急需一点点的欣喜，尤其是当这个欣喜来到我们的美术创作中。图像处理软件等于雪中送炭！用像彩色铅笔（我在本作品中所采用的）、水彩画、壁画、干画笔及更多这样的艺术效果滤镜来改变你的照片的同时，你就会有无穷无尽的欣喜。

必备要素：

技术手段

复制一个文件(P15)

应用一个彩色铅笔滤镜（P14）

数码材料

一款人物照片

复制照片

打开你的照片并复制该文件作为你的工作文件（注意某些照片比其他照片显示出更好的效果）。我喜欢采用那些清晰度高而色彩明亮的背景照片。当你采用彩色铅笔滤镜时，彩色暗淡及清晰度差的背景会显得太暗、沉重及模糊。

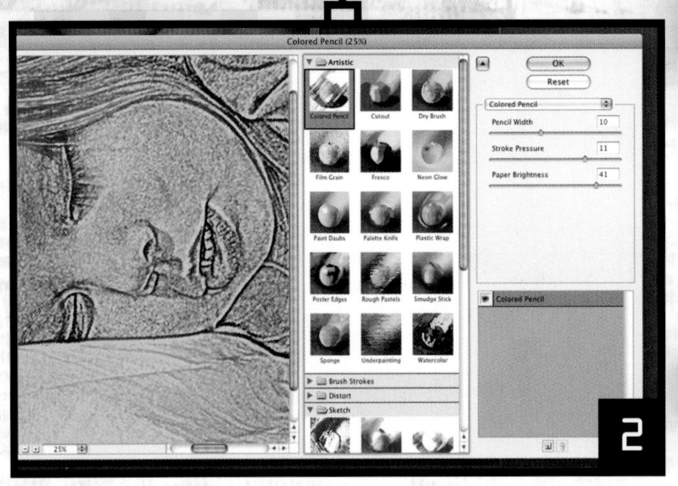

应用彩色铅笔滤镜

将照片转化进入一张图画，采用彩色铅笔滤镜（Colored Pencil Filter）。调节该量值等级直至你对这些结果满意为止。我采用了下述设定值：铅笔宽度（Pencil Width）：10；笔画压力（Stroke Pressure）：11；纸张亮度（Paper Brightness）：41。最后保存该文件。

灵感来源

仙女的幽灵｜作者：索娜·柯尔（Shona Cole）

索娜说：“在拍了一张照片之后，有时我发现了要求我再前进一步的这种重要气质，就像我女儿这张照片。我一旦看见了照相机捕捉到的我自己的面孔和其他俗气形象，制作幽灵画像就很自然地成功了。”索娜将前景彩色设定至褐色，背景彩色为粉色，然后拼合成粉笔和木炭滤镜。在应用滤镜以后，她用画笔工具设定至不透明度为30%彩色变淡，让画像变淡。她还用画笔工具设定至彩色变深，不透明度为30%，让边缘和背景彩色变深。

使用软件

Photoshop Elements4.0。

试试这个技巧

在照片上应用一个艺术效果滤镜。然后应用你在第一章里学到的技巧来美化新影像。

闪亮之光

用艺术效果滤镜：彩色铅笔+干画笔来绘画

这幅特别的照片捕捉了一个不可思议的偶然瞬间：一个深秋的下午，我女儿注意到一只蜻蜓歇在我们家平台的扶栏上。她坐在那儿凝视着它，研究它的外形和颜色，直至它飞走去度过它冬天来临之前最后为数不多的日子。我要对这幅照片进行处理，所以我用图像处理软件将其修改了一下，提高了该照片的"真实"艺术水平。

我为图像不断地处理软件中的滤镜特性而感到震惊，因为这种特性可以让你将珍贵的照片转变为素描和油画的底稿。正如你在上一章所见，对于瞬间数码艺术应用彩色铅笔滤镜（或其他艺术效果滤镜）是历史上罕见的奇迹。尽管某些照片仍需稍稍花点心思来取得你需要的视觉感受。而对于在一个作品中采用一个或多个滤镜来为作品带来更多的韵味方面则没有任何规定。在这幅画里，干画笔滤镜恰恰就给了这只蜻蜓所需要的提升。

必备要素：

技术手段

复制一个文件(P15)
应用彩色铅笔滤镜(P14)
应用干画笔滤镜 (P14)

数码材料

主题照片

应用彩色铅笔滤镜

打开你的照片并复制该文件作为你的工作文件。要将该照片转化为一张图画，应采用该彩色铅笔滤镜（Colored Pencil Filter）。调节色彩均匀值直至对画面结果满意为止。我采用的设定如下：铅笔宽度（Pencil Width）：2；笔画压力（Stroke Pressure）：11；纸张亮度（Paper Brightness）：44。

应用干画笔滤镜

要加入清晰度和亮度就应回到"滤镜画廊"（Filter Gallery）并选择干画笔滤镜（Dry Brush Filter）。我采用了下述设定：画笔尺寸（Brush Size）：8；画笔清晰度（Brush Detail）：10；纹理（Texture）：1（哈，好多了）！保存该文件。

灵感来源

多彩的日出 | 作者：谢丽·盖伊诺 (Sheri Gaynor)

本作品描写了谢丽对山区生活的热爱及山景带给她心灵的灵感。为了着手本作品，她采用了包括水彩、粗粉笔及色彩鲜艳的多层滤镜来制作一幅数码照片。她用色调/色度菜单来加强和改变颜色。谢丽还加入了一幅扫描的古代壁纸图层并减少了其不透明度以达到一个透明的效果。同时采用自动FX软件制作一个变暗影像的边缘。

使用软件

Adobe Photoshop CS2；Auto FX Software（www.autofx.com）。

试试这个技巧

至少采用两种艺术效果滤镜将一张照片转变为一幅油画。然后在照片上加上一个新图层（例如一幅纹理图）。

收获

复制传统画的特征

给我丙烯酸油漆、各种不同的画笔、一只水桶、一块油画布和一些纸巾，我就会完全沉浸在既抽象又有直觉的油画中——这是我最喜爱的作画方式。在那个时刻，我会不费吹灰之力跟我的缪斯女神手拉手地走入极乐世界，在那里度过几小时就好像一眨眼的工夫。在我的画室里，我通常喜欢创作大型油画。我采用不同多媒体图层点缀、拆开、加入和删除画法来制造有趣的效果。给我类似的图像处理软件，我就会做相同的事情。在这幅特别的作品中，我用我的数码工具创作了一幅抽象而直观的油画作品。

必备要素：

数码材料

两支自定义画笔：油漆溅泼、污迹或其他抽象直观的效果。

技术手段

选择一个前景/背景颜色（P10）
创建一个新的空白文件（P8）
将背景转化为图层0（P10）
加载一个自定义画笔（P16）
创建一个新图层（P10）
重调尺寸/旋转（P16）
调整一个图层的混合模式（P12）
合并图层/拼合一个图像（P11）
调整亮度/对比度（P11）
调整一个图层的不透明度(P12)
采用效应工具箱（14）
移动一个文件到另外一个文件(P9)
用可调智能定色功能的调整(P12)

使用工具：

画笔工具（P17）

打开新的空白文件

将背景颜色设定为黑色，然后打开新空白文件。用分辨率300dpi按需要定尺寸为13cmX13cm。将色彩方式设定为RGB颜色并将背景内容设定为背景颜色。这将是你的工作文件。将背景图层转变为图层0。

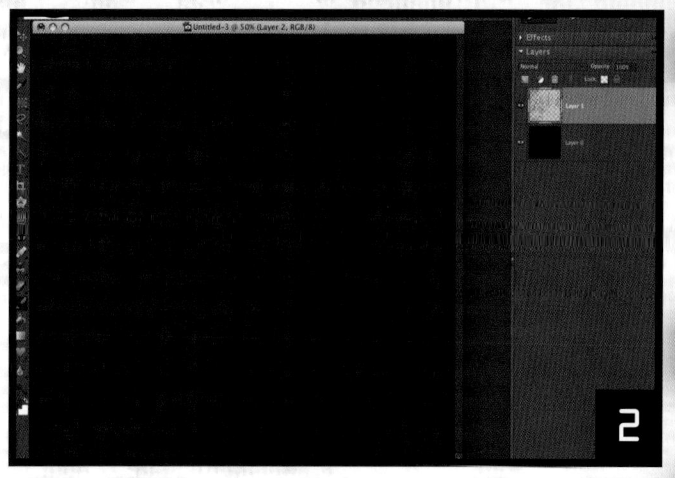

加盖第 个自定义画笔印章

加载你的第一个自定义画笔(Custom Brush)并选择。我加载了一个像剥落油漆一样的自定义画笔。将尺寸调得非常大（这样就接近于工作文件的尺寸），并对画笔选择了一个新的前景颜色（我选了红色）。按需要重调尺寸以适合工作文件。

数码描述：

如果你没有加载大规格的自定义画笔的话，你可以采用已经安装在画笔工具栏菜单中的画笔创建类似的格式。应多次尝试来创建油画简图及溅泼图案，而不是一次性使用大画笔。

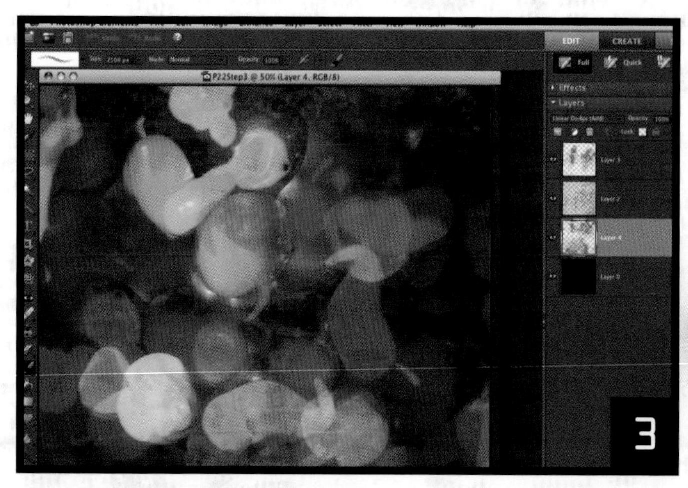

加盖两种颜色的第二画笔印章

加载你的第二画笔并进行选择。我加载了一支像画板一样的自定义画笔，将画笔的尺寸加大并为该画笔选择了一种前景颜色（我选的是绿色）。创建一个新图层并再次在新图层上加盖画笔印章。在新图层上重复加入辅助颜色，然后将加盖印章图层的混合模式设定至线性变淡（Linear Dodge）。这样亮度会增加并会产生一些令人吃惊的全新色彩。

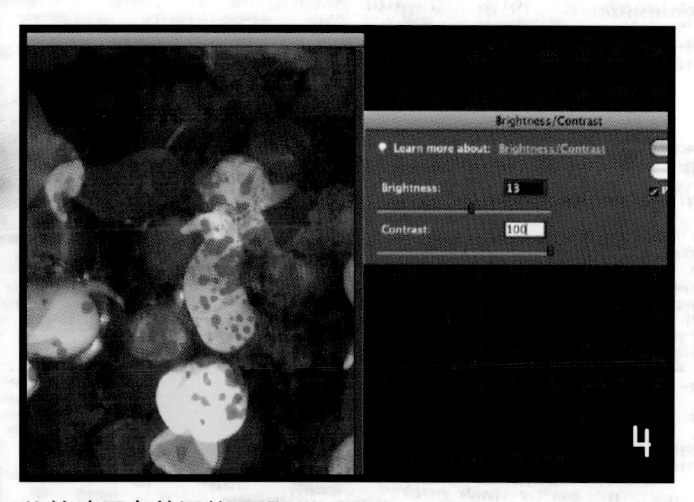

旋转油画布并调整照明

当创建一幅像这样的抽象影像时，转动该油画布来改变印章作品的观感确实是个好办法，然后拼合可视图层，按需要调节亮度/对比度（Brightness / Contrast），我将亮度（Brightness）调至+13，对比度（Contrast）调至–100。

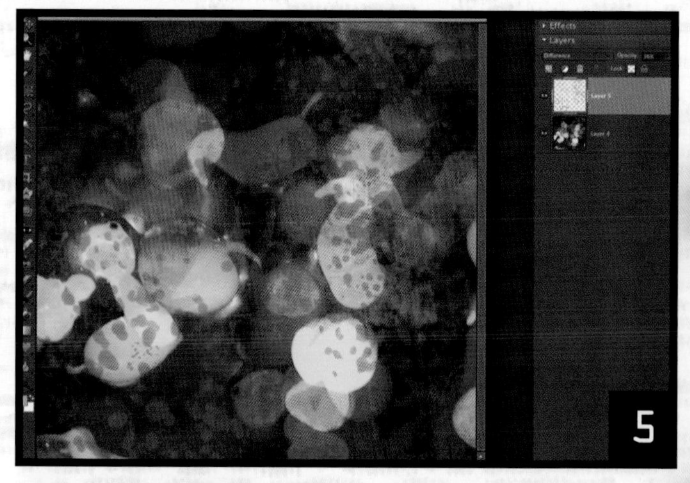

添加辅助画笔功能

如果你的作品色彩需要更加鲜艳或更加立体，只需添加一些多画笔功能。选择一支（或更多）画笔并将每次设定的画笔功能放置于一个新图层之上。按需要调节混合模式及不透明度，在我作品中的颜色没有上好，所以我用浓厚画笔（Thick Heavy Brushes）下拉菜单中的像素为111的平毛画笔加上绿色斑状。然后我将新图层的不透明度设定至36%。将混合模式设定至差值（Difference）。该功能就会使该绿色带上一点橙色（绝对是一种意外的颜色）。我也从人造细画笔（Faux Finish Brushes）下拉菜单中用像素为100的软圆画笔加入紫色。我将混合模式设定至强光方式(Hard Light)而不透明度调至76%。

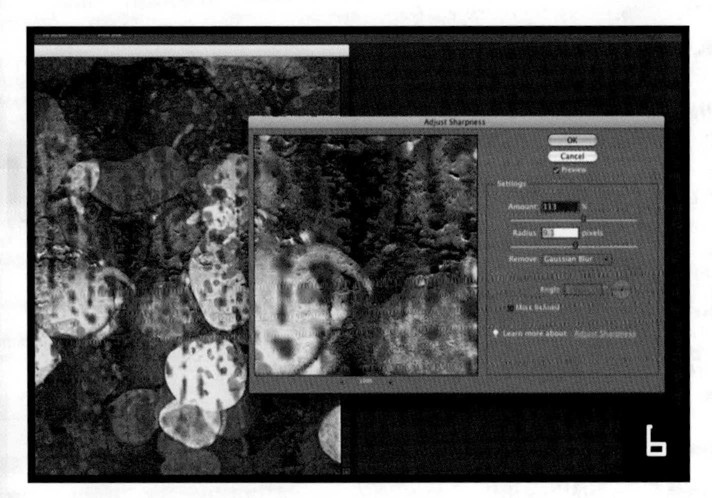

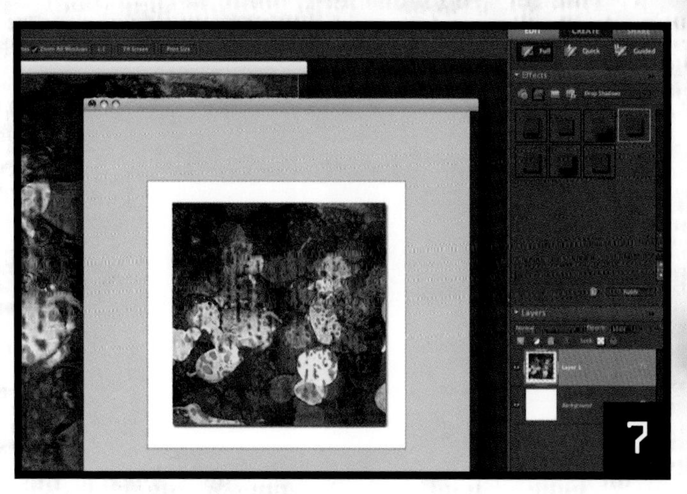

采用龟裂纹滤镜并调整清晰度

拼合所有的可视图层，要加入纹理及实景至该作品中，应采用滤镜功能，龟裂纹滤镜［滤镜>纹理>龟裂纹（Filter>Texture>Craquelure）］会使你的作品变成一幅以浓笔厚墨绘制的图画。我设定的程度等级值如下：裂纹间距（Crack Spacing）：77；裂纹深度（Crack Depth）：6；裂纹亮度（Crack Brightness）：10。如果该作品看上去有点模糊，则可调整清晰度。

放入新文件并添加投射阴影

打开一个尺寸比工作文件大约3cm的空白文件。设定分辨率至300dpi。彩色方式设定至RGB颜色及背景内容为白色。然后将工作文件中的该图层移至空白文件中，这就成为了你的新工作文件。接着进入效应工具箱并点击图层形式插图。选择投射阴影作为格式并选择下方插图，双击来采用该阴影。点击在“fx”图层工具箱中的插图，以调节阴影的设定值，最后拼合各图层。

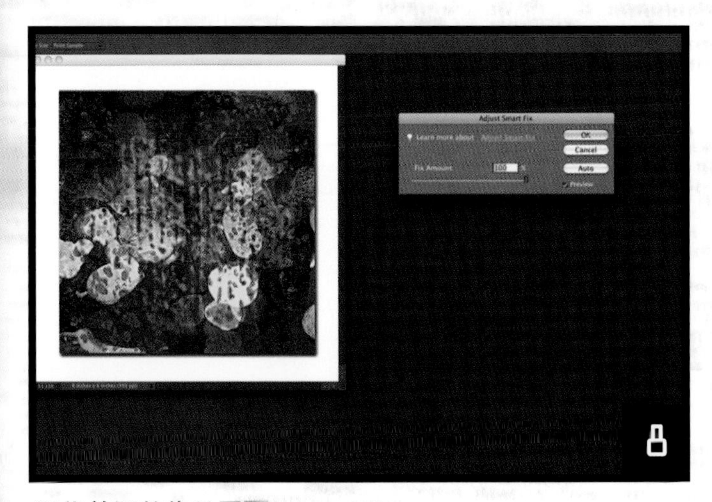

柔化并调整作品画面

柔化该作品画面，将前景颜色选为白色。选择画笔工具并从人造画笔下拉菜单中选用100像素的软圆画笔。同时将其不透明度调至47%。应用白色半透明颜料涂至作品的任何部位。如果你对这一点的颜色不太满意，可调节各种设定值直至满意为止。我感觉我的色彩稍显得有点亮，也许像仿制的彩虹。为了纠正这一点，我进入了调节智能定色菜单（Adjust Smart Fix Menu）。将定色量设定至100%。这一步能使色彩稍稍柔化并将铁粉红调和成紫色。

数码描述：

要想让数码作品看上去像三维油画，加入投射阴影是个绝妙的办法。但只有当你单独使用该影像时，这种视觉效果才是最恰当的。例如，用于在线的影像投影（就像在一家美术馆里）或在一张纸上徒手画画。如果你要打印该作品并像传统画那样加上边框，则应不用投射阴影。

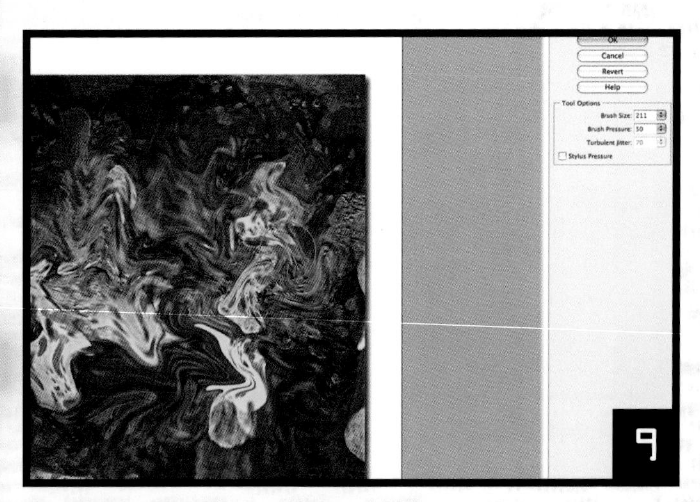

采用液化滤镜

现在你就可以用最冷色调工具的一种——液化滤镜来调整，进入滤镜>失真>液化来采用滤镜（Filter>Distort>Liquify），将颜料沿四周铺开成漩涡状，混合就有如熔岩灯的效果，太有趣了！此时我的设定值如下：画笔尺寸（Brush Size）：211；笔画压力（Brush Pressure）：50。

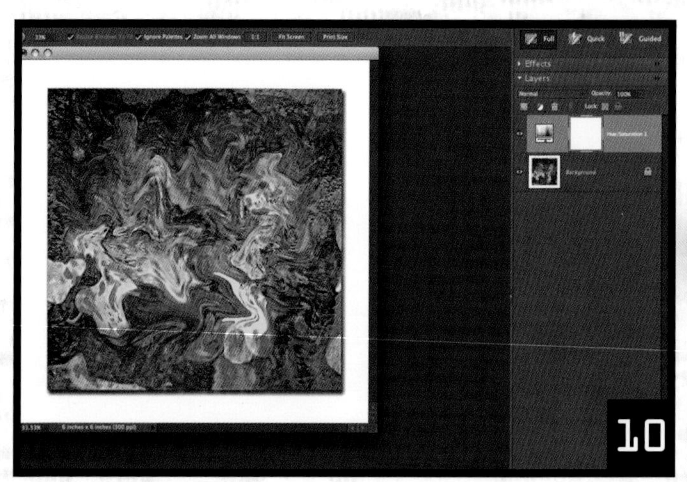

改变色调／色度

采用新调整图层上的色调／色度（Hue / Saturation）菜单再一次调整颜色，按照我的想法，我调整了各自的色彩及主要设定值（我正感觉到有点黄）。当你完工时，请保存该文件。

数码描述：

你可以从很多网站下载各种自定义画笔。你可以寻着从花及火焰到污迹及色斑的几乎一切。以下几个网站可供查询：

www.photoshopbrushes.com

www.deviantart.com

www.obsidiandawn.com

www.angelic-trust.net/brushes/allbrushes.php

www.iobscuro.com

节制 | 作者：凯莉·谢立丹 (Kelly Sheridan)

塔罗牌片上的数码插图是经过训练有素的美术家凯莉·谢立丹用现代手法取代传统绘画的一幅经典之作。凯莉采用了绘画工具栏里徒手画功能创作出这幅数码画。她用标准图像处理软件画笔加上彩色；至于皮肤，她用传统的减少不透明度的柔性漫射画笔并构作一个图层来获得发光度效果。总计这幅画一共由五个图层组成。

使用软件

Adobe Photoshop 7；Corel Painter 8；Alias SketchbookPro（Autodesk）；Wacom graphics tablet。

试试这个技巧

在一幅作品中复制传统油画，但是这次是从一张图画开始而不是抽象的元素。如果你不适应数码徒手绘画，可以扫描一张现实的图画并从此开始。

维鲁卡的梦想

用彩色填充图层绘画

我朋友洛莉·沃巴(Lori Vrba)是我所知道的最有才华的摄影家之一，她具有惊人的不可思议的能力去捕捉她作品的灵魂，欣赏她的作品总会让我泪流满面。因为它看上去朴实无华，纯洁真诚。洛莉慷慨地允许我在本书中改动她一些有影响力的影像作品，而这幅作品恰恰就是其中之一。

在19世纪银版照相手工着色的技术给当时的黑白肖像照以逼真的感觉，用这种工艺可以散发出一种特殊的魅力，如今你也可以用你自己的黑白及深棕色照片通过对这些照片单色填充图层来复制流行的老式技术。

必备要素：

数码材料

主题照片：肖像

纹理照片：自然纹理（如树根或木材表面）

主要艺术品的来源

黑白肖像照片：

LoriVrba(www.lorivrba.com)

树根纹理：

www.textureking.com

技术手段

复制一个文件（P15）

羽化（P16）

加上一个单色彩色填充图层（P15）

选择一个前景/背景颜色（P10）

创建一个新图层（P10）

合并图层/拼合一个图像（P11）

调整色调/色度（P12）

应用一个高斯滤镜（P14）

将背景转化为图层0（P10）

放置图层（P11）

调整一个图层的混合模式（P12）

移动一个文件至另一个文件（P9）

重调尺寸（P16）

使用工具：

套索工具（P9）

画笔工具（P17）

加深工具（P17）

裁切工具（P17）

清除颜色并选中面部

打开你的照片并复制该文件，如果你的照片不是黑白的，应除去这种颜色［加强>调整颜色>除去颜色（Enhance>Adjust Color>Remove Color）］，然后用磁性套索工具沿面部周围选择，羽化该选择的边缘，设定该羽化剪辑半径为30像素。这就是柔化毛边线。

给面部加上新的单色填充图层

当该面部仍然被选中时，可以加入新的单色填充图层。打开菜单时，可采用默认设定。从彩色菜单里挑出一个皮肤色调的颜色，然后放在图层工具箱里(Layers Palette)，设定不透明度（Opacity）至21%。

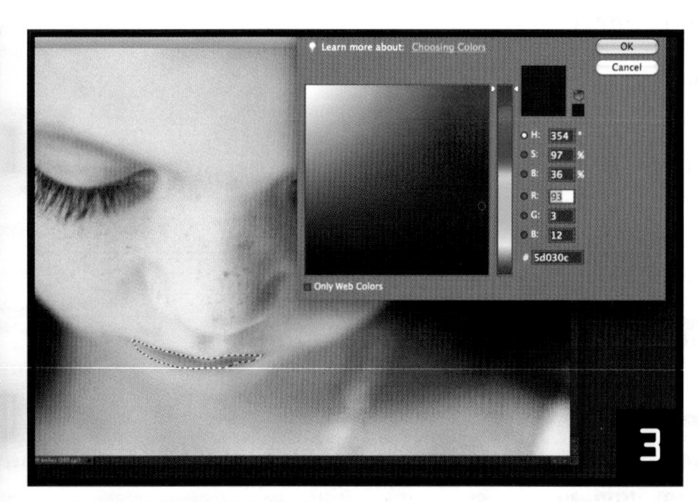

给嘴唇加上新的单色填充图层

用磁性套索工具(Magnetic Lasso Tool)选择嘴唇并用半径为30像素羽化该选择。按第二步你对脸部的处理一样给嘴唇加上新的填充图层。这一次应该选择一种红色并将不透明度设定至3%。这样就可使嘴唇稍稍变暗。

给头发加上新的单色填充图层

用磁性套索工具选择头发并用半径为30像素羽化该选择(在我照片中，整个背景是头发，要立刻选择两侧，我在脸的一侧选择了背景，按下上档键然后在另一侧选择该背景)，用半径为30像素羽化该选择的边缘，然后加上你需要的新单色填充图层，再把不透明度设定至15%。

用画笔工具强化雀斑

为了强化如雀斑或美丽的标记这样的特征，应采用画笔工具(Brush Tool)，选择背景颜色为褐色（在工具栏里）并创建一个新图层。从画笔工具栏的默认画笔(Brush Toolbar)下拉菜单选择硬圆画笔(Hard Round Brush)并设定尺寸至5像素。单击鼠标在各自雀斑上“涂画”。在图层面板中设定新图层的不透明度至22%。

给面颊加上新的单色填充图层

要给脸颊加上一笔，应采用另一个单色填充图层，这次用粉红。用半径为30像素羽化该选择，并设定不透明度为28%。

下调色度

拼合所有图层，然后下调整个图面的色度，如需要，可进入色调/色度（Hue / Saturation）菜单，我设定色度（Saturation）至－40。

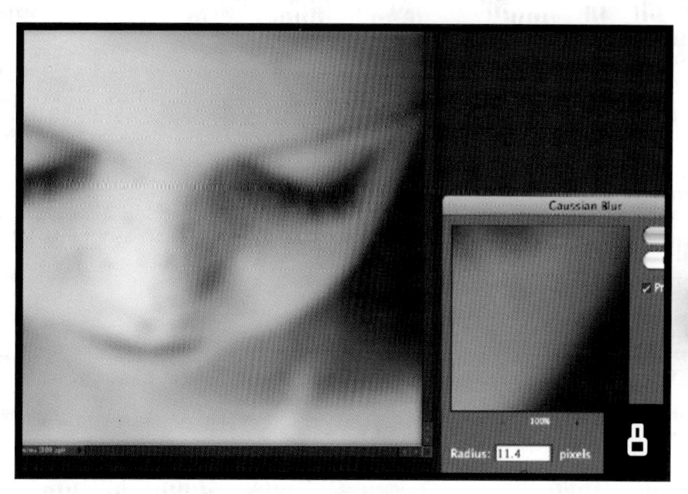

应用高斯模糊滤镜

尽管我喜欢那些电影所拍摄黑白照片的纹理度，但我认为数码艺术需要一个柔和的视觉以便完善着色处理。要在你的工作文件中进行同样的操作，首先应该复制图层，然后将高斯模糊滤镜（Gaussian Blur Filter）用于该新图层（这会被自动选择），设定半径（Radius）至11.4像素。

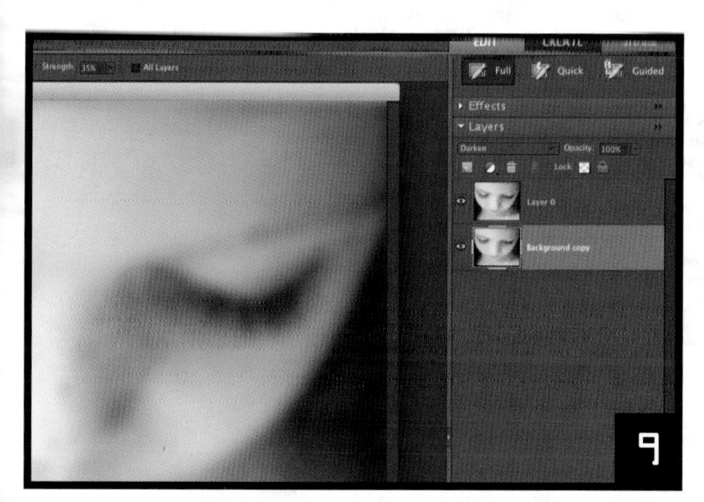

将混合模式调至变暗

如果你还没有这样做，就应将背景图层(Background Layer)转化为图层0(Layer 0)，放置好各图层，以使复制的图层（背景复印件）位于原始图层（图层0）之后。将背景的混合模式设定至变暗(Darken)，你就可以得到一个柔和的全景视觉。注意有些细节部位(尤其是眼缝及面颊）看上去几乎都像素描作品。

模糊粒状部位并对影像进行裁切

选择模糊工具(Blur Tool)，按需要调整尺寸（通常约75像素）。我将强度（Strength）调至35%。点击该作品的粒状部位以将粒状稍稍模糊一点，你就会立刻注意到变化出现。继续模糊直至你对结果满意为止。按需要裁切该影像（我裁切了照片的右边）。

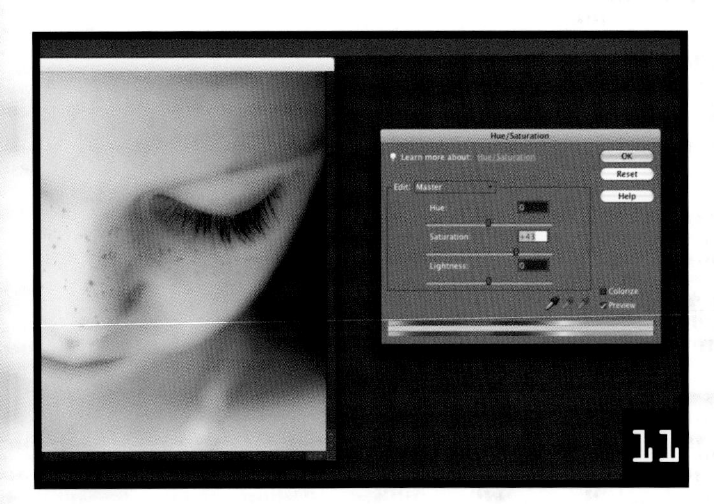

增加色度

有时会发生这样的情况，即你可能会注意到你的操作会使一些彩色作品褪色。此时你就应该赶快将这些色彩复原：打开色调/色度(Hue / Saturation)菜单并按需要增加色度［我把色度(Saturation)调至+43］。

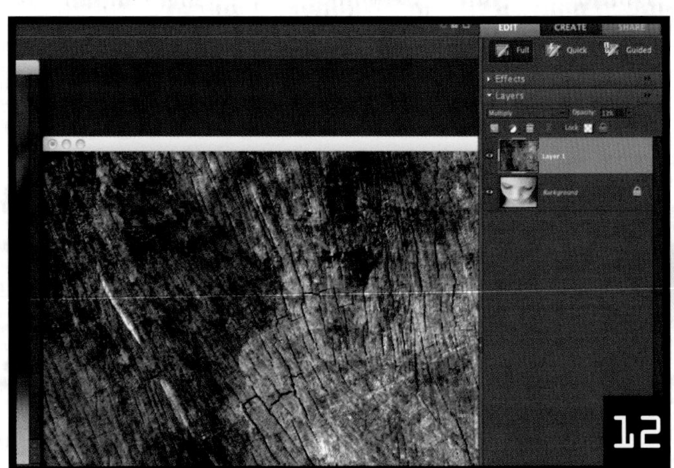

加入纹理照片并调整混合模式

要给该作品稍稍加入纹理图案，应打开一张自然纹理的照片(例如，一棵树的树桩)，将该纹理移至工作文件，按需要调整尺寸以适合该肖像图片。将纹理图层的混合模式设定至增加基色(Multiply)并调整不透明度(Opacity)至13%。当该作品完成时，将影像平面化并保存该文件。

数码描述：

对于该作品的艺术效果，手工着色会加强肖像画的效果。然而，要取得最好的效果，通常应该采用一个容量大的影像开始为好，以下就是本人关于拍摄理想肖像照片的几点看法：

- *首先要熟悉你相机的任选功能，拍摄几次看看哪种设定值拍摄最好，许多数码相机都有肖像模式。*
- *用于大多数肖像照片的最平直光应该是柔和的自然光并非相机的闪光。如在室内，你可以找一个有朝北大窗户的房间；如果你的主题对象在室外，最好是阴天拍摄。*
- *要真正捕捉住主题人物，应让他们自然一些，主题人物没有必要摆出微笑的姿势，记住捕捉独特的瞬间才能产生摄影佳作。*
- *我拍成功肖像照最拿手的技巧是：走近一点，多拍一点。一句话就是如果需要，你甚至可以将相机的储存卡装满（本书所用肖像的拍摄者，我的朋友罗莉就赞同我的观点）。如果你能从许多照片中得到至少一张或两张完美的摄影作品，那你付出这么多的辛劳也不枉然。*

果园里的劳丽 | 作者：苏珊娜·故登（Susanna Gordon）

原本这张照片是苏珊娜扫描至她电脑里的一张黑白照片，是在某一个春天她和她最亲密的朋友在盛开苹果花的果园里拍摄的。要加上彩色，她采用了不透明度为20%的一个黄色单色填充图层。用画笔工具，将混合模式设定为柔光，她又调节不透明度及画笔大小，采用了几个绿黄阴影，这样就在打印的照片上获得了传统手工画的神奇效果。

使用软件

Adobe Photoshop 7。

试试这个技巧

在有如花园这样自然背景的照片上，采用彩色填充法。

光之女神

绘制照片

数码描述：

你可以在你照片的某些部位多加些绘画图层，这样就会获得更加真实的油画效果。让所有的图层稍稍有点透明（减少不透明度值），这样原来的图层就能显现出来。

我总是对用现实风格的油画感到惧怕，但图像处理软件是帮助我克服这种纠结的理想工具，正因为它的宽容博大，故点击按键就能删除或纠正错误。当创作一幅数码绘画作品时，我喜欢用一张照片或一张素描开始。因为用一张照片开始就暗示了着色位置，产生阴影及高光部位的大致框架。我把数码绘画的技法直接用到照片上，这就是众所周知的摄影绘画技术。对我来说，这种方法可谓是游刃有余。我不必手持铅笔或画笔焦急地面对一张白纸，相反我可以欣然接受并满怀信心地开始作画。

我特别推荐使用绘画工具栏来处理这种精细的、带有重复性劳动的作品，这样既可以改善艺术效果，也可以防止损坏。打个比方吧，你是否可以设想用一支形状和功能都像你的鼠标那样的实实在在的画笔作画呢？没想过吧。

必备要素：

数码材料

主题照片：肖像

自定义画笔：形状如树叶、花朵

自定义画笔：如书法这样的背景

主要艺术品的来源

叶子及文笔画笔：

www.obsidiandawn.com

技术手段

复制一个文件（P15）

调整一个图层的不透明度（P12）

选择一个前景/背景颜色（P10）

调整色调/色度（P12）

调整亮度/对比度（P11）

调整色彩曲线（P11）

加载一个自定义画笔（P16）

应用一个纹理制作滤镜（P15）

使用工具：

画笔/铅笔工具（P17）

擦除工具（P18）

仿制图章工具（P17）

色彩置换工具（P17）

吸管取色器工具（P18）

套索工具（P9）

加深/减淡工具（P17）

在皮肤的色调上加上白色

打开肖像照片并复制作为你的工作文件，用画笔工具（Brush Tool）在皮肤色调上涂上淡色调。选择画笔工具栏中干画笔下拉菜单的一支画笔。我采用了木炭画纸63像素（Charcoal Paper 63）上的粉蜡笔（Pastel）。按需要调整画笔的尺寸。我将不透明度降至61%，这样照片的某些特征及阴影就显得清晰（注：弄脏了也没问题，因为你可以用擦除工具来纠正失误。要进一步精雕细琢，就应降低擦除器的不透明度）。

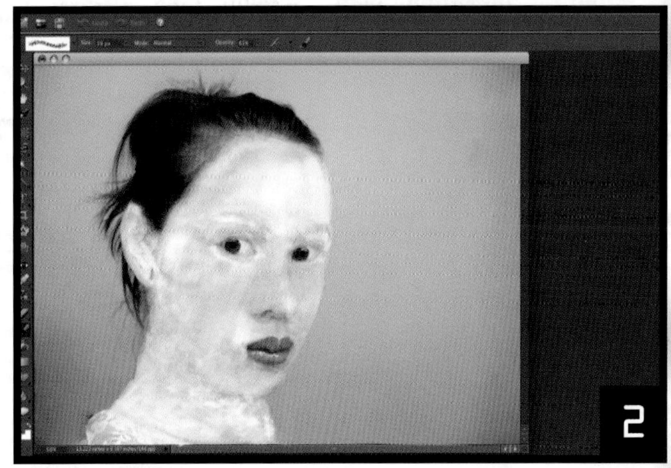

加上紫色阴影

用深的淡紫色阴影加工面部及颈部，以原始照片上的阴影为标准，在基本画笔下拉菜单中选择65像素的软手工画笔（Soft Mechanical Brush）。我设定画笔的尺寸为75像素，再选一个非常低的不透明度，我选用9%。一旦你要采用阴影，就可以往返于白色基色和淡紫色阴影之间的调整，直至结果让你满意为止。

数码描述：

我推荐对每组画笔和铅笔功能都创建一个新图层，这样你就可以在某一特殊图层上应用混合模式或效应，并可以在后来的某一点上调整该图层的不透明度值。如果你不喜欢某一图层，你就可以对它进行删除。

对于本章来说，我会把所有的操作都放在同一个图层上。如果我要除掉当前某一个错误，我唯一的处理办法就是进入“删除历史记录”（Undo History）[窗口>删除>历史记录，(Window>Undo>History)]去删除它。此外，如果我发现一些我没有注意到的细节，我通常宁愿在此基础上修改（好像我在画室里那样），而不愿意将其删除再从素描开始。当然，这仅仅是我个人偏好，而你完全可以选择你认为最好的方法。

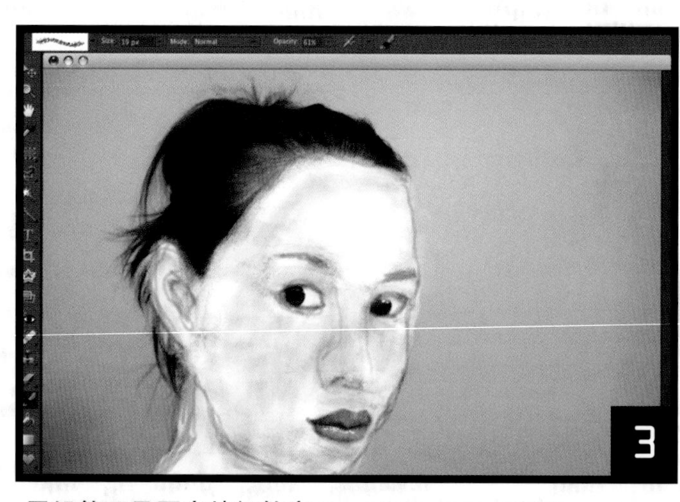

用铅笔工具画出特征轮廓

用铅笔工具（Pencil Tool）进行素描并画出人物特征的轮廓，从基本画笔下拉菜单中选择灰色画粉粉蜡笔[（Gray Paint），类似于铅笔的铅芯或木炭］及硬手工像素9的画笔，调低不透明度（我采用13%），需要的话，可在颈部完成辅助修描。

在嘴唇和轮廓上着色

在这里可以用画笔工具给嘴唇涂色，按需要设定你的前景颜色。我想突出嘴唇部位，所以我选择深红色，再从干画笔（DryBrush）下拉菜单的木炭画纸63像素的画笔（Charcoal Paper 63 pixels brush）中选择粉蜡笔（Pastel），根据需要，调整画笔尺寸和不透明度。我将尺寸调整至19像素，不透明度调至61%，即可给嘴唇上色。然后按你在第3步的方法画出嘴唇轮廓。在不透明度稍高的情况下，我选择了暗灰色来绘制。

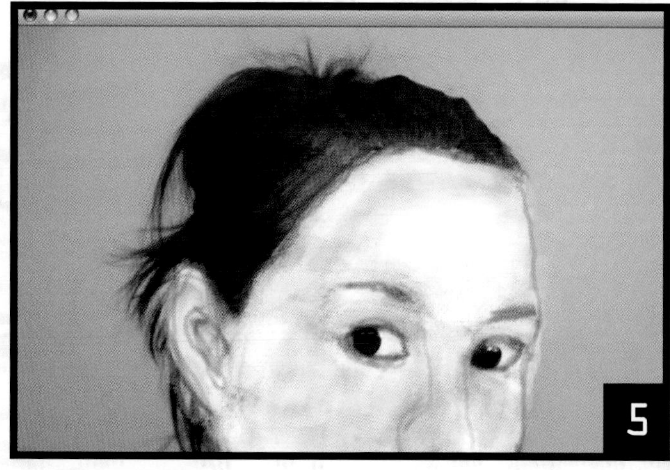

用画笔工具给头发着色

用画笔工具给头发上色，再采用在干画笔下拉菜单的木炭画纸63像素的画笔中选择粉蜡笔，按需要设定你的前景颜色。我先选了褐红色打底，然后用淡褐色进行第二次上色，按需要调整你画笔的尺寸及不透明度。当你完成时，可采用第3步的方法用铅笔给头发加上纹理层次，采用前述相同的干画笔，在头发上涂上一层透明的覆盖层，这样就使它柔和并与整体相融（要使该画面呈现透明，应降低画笔的不透明度）。

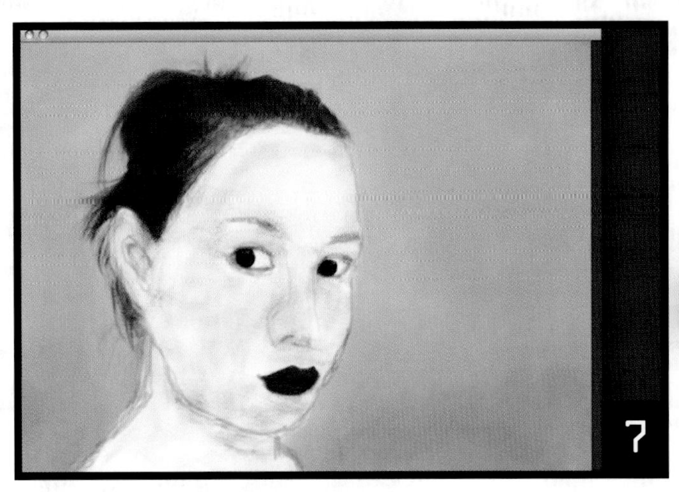

绘制背景

选择一种颜色给背景描绘，我建议你用阴影（第2步）所用的一种相同的颜色，因为这种颜色可以让你在下一步调整色度时画面的黏合性较好。在基本画笔下拉菜单中选择画笔工具及像素为60的硬手工画笔，采用各种规格和不透明度画笔对肖像背景进行着色描绘，以产生真实的视觉效果。我采用尺寸为210像素和不透明度为38%开始作画。

调整作品的色调和亮度

现在可以对作品进行整体调整，你可以改变色调/色度（Hue / Saturation），亮度/对比度（Brightness / Contrast）或色彩曲线（Color Curves）直至你获得所需要的效果为止，将所有的调整值都放置于一个新调整的图层上。

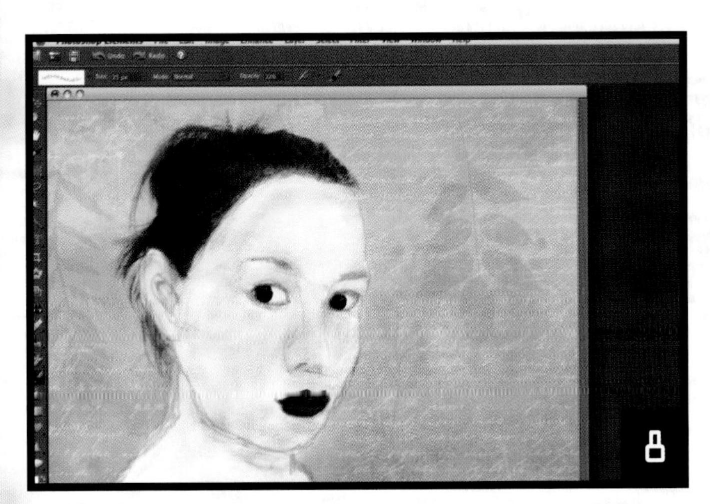

对背景采用自定义画笔

加载你的自定义画笔（如果你喜欢，可以在画笔工具栏下拉菜单中选用一支画笔）。我选用了 支手写画笔及 支树叶画笔来绘制生动的背景。按需要调整每支画笔的尺寸及不透明度。正如我设定了不透明度小于30%的画笔制作了这幅精妙的作品，然后，在该照片的背景中加盖画笔印章功能，一定要当心不能将印章盖到肖像面部。

修整人物面部的线纹

用仿制图章工具(Clone Stamp Tool)除去一些铅笔素描及其他有缺陷的部位，取出面部的一些彩色颜料并复制到你想除去的部位。为了复制后光整完美，我通常将该工具的不透明度设定为约50%，然后根据需要进行调整，同时我也喜欢用不同型号的画笔进行试画，而采用硬手工画笔总是屡试不爽。当你完成复制时，按照第2步中的方法给面部及颈部再加一些阴影。最后，用画笔工具给面颊部位涂上一种浅粉红。要获得一种柔和透红脸蛋的效果，你可以从基本画笔面板中选取柔和手工画笔并将不透明度降至10%–15%。

调整要混合部位的颜色

也许你需要调整各混合部位的颜色，在此，我就调整了头发的颜色。进行调色最容易的办法就是用一支大直径画笔（70像素）的彩色更换工具。我调整的设定值如下：模式(Mode)：彩色；范围(Limits)：接近；容差(Tolerance)：30%，并采用吸管取色器工具在作品里选择一种颜色（我选择的是灰紫色）。然后刷到头发上，你不必担心边缘周围，因为任何与头发颜色不同的部位都不会改变颜色。

按需要继续调整颜色

我在色调/色度（Hue / Saturation）菜单中减少了整个黄色的色调，然后我又调整了嘴唇的颜色。要这样做，应先用磁性套索工具(Magnetic Lasso Tool)选中嘴唇并在一个新调整的图层上调整色调/色度。我将红色的亮度增加到+43，要鲜明地表现嘴唇，应采用带较低不透明度的白色笔画加入一点透明的白色以产生明亮感。

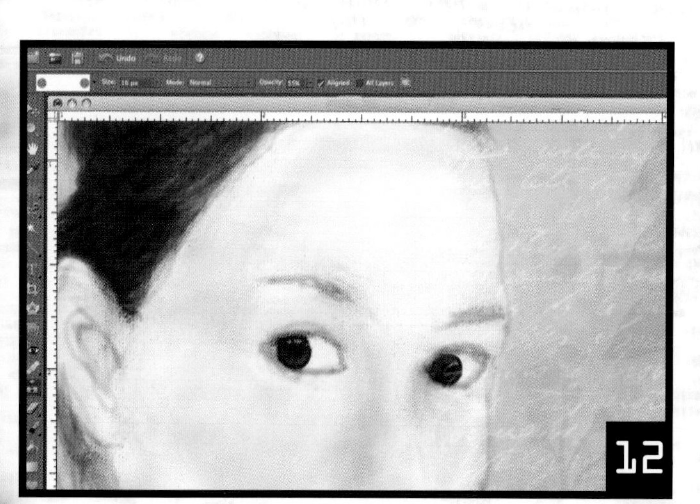

用仿制图章工具清除线迹

采用仿制图章工具［(Clone Stamp Tool)，设定的不透明度约为16%］以清除眼睛周围一些多余的素描黑线，再次使用仿制图章工具以柔和面部周围过多的轮廓线并加上一些阴影。用该工具，挑出肉色来柔和，即清除该轮廓线并挑出紫色阴影色调来创建更多的阴影，然后继续用铅笔工具描绘轮廓来限定眼睛，采用黑色颜料及硬手工画笔，设定尺寸至5像素，不透明度为9%。

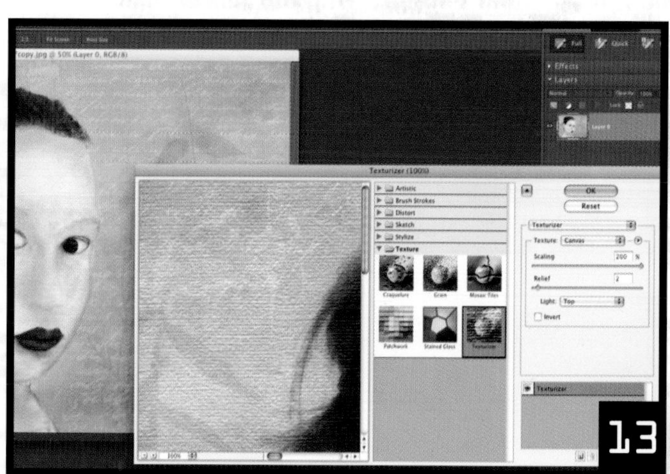

采用纹理图案制作滤镜

现在已经到了最精彩的部分了，我们可以加上一个滤镜来制作一幅画在油画布上的油画，采用纹理图案制作滤镜并调整设定值如下：纹理（Texture）：图案；比例（Scaling）：200%；卸荷（Relief）：2；照明（Light）：顶部。按需要进行最终调整，我更喜欢我在第3步面部描绘的界定轮廓线，并要加强这些线条。要这样做比较容易的方法就是采用加深工具［(Burn Tool)，我设定了阴影的范围并将曝光设定至20%］，我将该加深工具设定至小尺寸并在轮廓线及亮感部位涂刷以增加密度，要淡化这些点，应采用淡化工具（Dodge Tool），并保存该文件。

放手 |

作者：苏珊·麦克弗根
(Susan Mckivergan)

作品《放手》的产生源自你要对你得不到的东西学会放手这种观点，蝴蝶象征一种自由——不受约束，也不被控制。因为它们可以出现在画面里也可以来到生活中。这个女孩尽管在明亮多彩的房间里，但她依然感到万分悲伤和心疼，她为了她想要却得不到的，但必须放手的东西而感到伤感。

苏珊的作品是由几张不同的照片组成，首先她进行了拼合，然后进行全面绘画，其中数码绘制的元素包括女孩及其头发、蝴蝶、长沙发座椅及罂粟花。

使用软件

Adobe Photoshop CS3。

试试这个技巧

用你已经学会的一种或几种技巧处理一幅数码照片，然后根据转化的影像图制作一幅油画照片。

I heard barking deer in the
middle of the night.
how they sound. Jet lag is on
my side and I find myself awake
with the sunrise. So when
we had to get up at four forty
five for the Moomomi Beach
sunrise shoot I was game
I'd never shot the sun rise
on a beach before, let al
in Hawaii.

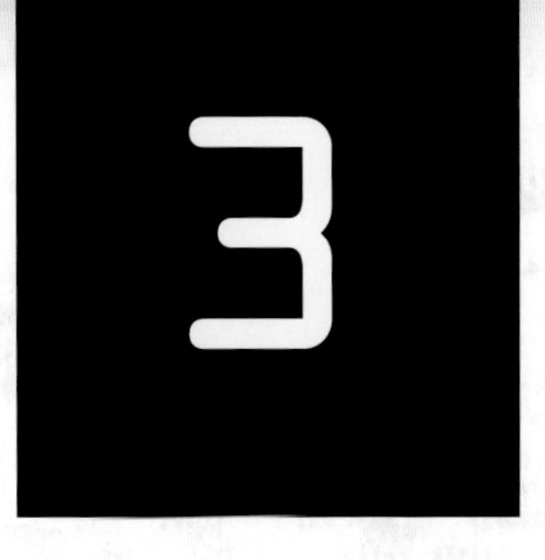

粘贴图片

用分层软件来制作数码拼贴画

术语拼贴画意思是“粘贴”。在历史上用来描述巴勃罗·毕加索和乔治·布拉克的美术作品并用来指组合多个影像的美术作品。数码拼贴画在很多方面亦有异曲同工之妙，只不过设计元素是数字编码的，例如扫描或摄影及其他像自定义画笔和纹理等元素。在制作数码拼贴画中带来的意外收获就是可以按照你的需要精确地调整作品中所要采用的设计元素——用点击按钮来改变你使用项的尺寸、形状、颜色和其他色调，复制或删除某一个项。

在本章中，你可以学会如何将一些影像片段用图层和不透明度等级水平调整巧妙地组合来制作拼图，同时应用滤镜来改变作品的色调、给突出的重要设计元素增加出彩效果、制作纯数码剪贴簿版式等等。

初出茅庐

合并透明图层

今年夏天我儿子开始喜欢大海，走进齐膝盖深的海水中，用不着搀着我的手，他小心地用趾尖试探海浪激起的泡沫。我用相机捕捉到了他走向大海里玩耍的瞬间，他非常独立，手提一只红色水桶。当我通过镜头看的时候，感受到了一个充满意味的瞬间——我看到了作为父母让孩子出去的开始，所以，我给这幅画起名“初出茅庐”，在这幅数码拼贴画中，我把一组鸟的照片、天使意象的影像和我儿子的纹理照片拼贴起来。我分别运用它们不透明度的差异获得不同的透明效果。鸟在人手上吃食是母性和哺育孩子的象征。拼贴在我儿子上面的第二只鸟是刚会飞的小鸟，是独立和统一体的象征。天使的意象代表始终注视着我儿子的守护神，即使我不跟他在一起的时候也依然如此。

必备要素：

数码材料

主题照片：大背景中的小主题

两张辅助照片：一幅照片要比另一幅更突出，而且最好是黑色背景的照片

纹理照片

主要艺术作品的来源

鸟和天使照片：

Lisa Solonynko

(www.morguefile.com)

纹理：

www.morguefile.com

技术手段

复制一个文件（P15）

调整阴影/亮区（P12）

移动一个文件到另一个文件（P9）

调整一个图层的不透明度（P12）

合并图层/拼合一个图像（P11）

羽化（P16）

调整色彩曲线（P11）

使用工具：

套索工具（P9）

擦除工具（P18）

在主题照片上调整阴影/亮区

打开主题照片，该照片最好是在大背景中的小主题作品。我选择了我儿子在海滩上的主题照片。复制该文件，作为工作文件，进入阴影/亮区（Shadows / Highlights）菜单调整阴影/高区等级标准以给照片一些戏剧效果。我调整我的等级标准如下：亮化阴影（Lighten Shadows）：53%；强光变暗（Darken Highlights）：0%；中等色调对比度（Midtone Contrast）：100%。

打开并调整第二张照片

打开更突出的附加照片并将它移动至工作文件中，按需要重新缩放尺寸以适合工作文件，将这个新图层的不透明度等级标准调整到约50%。

混合图层并调整阴影/亮区

混合图层，按需要调整阴影/亮区（Shadows / Highlights）。我觉得我的这张照片明暗度不够，所以我就调整阴影/亮区来输入多一点的电流，结果很神奇地增加了中等色调的对比度，帮助我获得了想要的效果。我调整等级水平如下：亮化阴影（Lighten Shadows）：9%；高光变暗（Darken Highlights）：6%；中等色调对比度（Midtone Contrast）：100%。

选择并移动第三张照片中的目标

打开其中第二张照片。主题和背景的对比度较大的照片最为合适。采用磁性套索工具，沿照片主题周围绕一圈。用半径为像数5来羽化所选择的边缘。移动该选择的图像到工作文件并重新缩放尺寸与之匹配。调整该新图层的不透明度至13%。

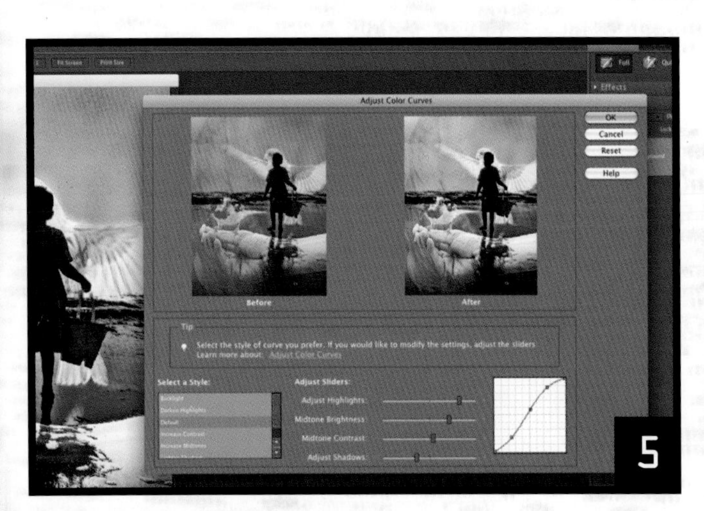

调整色彩曲线和色调/色度

打开色彩曲线菜单（Color Curves Menu）。通过调节滑块调整阴影（Shadows）、中等色度的对比度（Midtone Contrast）、中等色度的亮度(Midtone Brightness)和高光区域（Highlights）。然后，采用磁性套索工具，选择工作文件的各种不同的区域，并按需要调整色调/色饱和度及亮度/对比度。

增加纹理照片

打开纹理照片并移动至工作文件中，按匹配的需要调整尺寸大小，将覆盖层设定为纹理图层的混合模式并调整不透明度至36%。采用擦除工具（调整至20%的不透明度）将覆盖照片主题部分纹理图层除去。说具体些，就是要把遮盖天使雕像的部分擦除。当照片完整之后，就将影像平面化并将文件保存。

自然的涂鸦

作者：玛丽·奥特罗
(Marie Otero)

玛丽的作品是由多图层组合而成。彩色的背景和砖墙的影像被堆积在纹理晶粒的影像上面，将这些影像的不透明度调小以便将墙面元素和背景色彩隐约显露。此外，玛丽还应用了不同的图层调整。她从两张不同的照片中选取了树和杂草，这就是她界定的新图层及一个不透明度为75%的外部金色图层形式。

使用软件

Adobe Photoshop CS4。

试试这个技巧

采用相同的照片用不同的不透明度和调整图层进行试验以获得多重视觉效果。

足尖

采用滤镜：转化并拼贴边缘

我是一个舞蹈迷，所以我经常将舞蹈艺术选入我的作品。当我跟着音乐舞蹈的时候，我经常发现难以改变跳芭蕾舞步的动作，尽管我从来没有学过芭蕾舞（在此生中）。我也常常怀疑它们是否是我上辈子的痕迹，如果你相信有这种事情。除了在我的艺术作品中有可能发生以外，我当然无法用任何一种优雅或技术来完成这些动作。

采用转化滤镜可以产生戏剧性的效果，因为它可以在一幅影像中转化所有的颜色。对于一幅完整的照片，采用这种滤镜有时可以获得你想要的视觉效果，但是大多数情况下可能过于戏剧性。当这种情况发生时，我喜欢在一个图层上（或者在少数图层上）利用该转化滤镜来获得本作品更加巧妙的视觉效果。

必备要素：

数码材料

背景照片：锈蚀/陈旧物品及字母，数字或其他标识

主题照片：按需要裁切主题（仅仅采用大腿或头部）

纹理照片

主要艺术作品的来源

锈蚀背景照片：fox-out(www.morguefile.com)

芭蕾舞女主角照片：©iStock-photo.com/wwing

技术手段

复制一个文件 (P15)

将背景转化为图层0 (P10)

移动一个文件到另一个文件 (P9)

重调尺寸/旋转 (P16)

调整一个图层的不透明度 (P12)

调整亮度/对比度 (P11)

合并图层/拼合一个图像 (P11)

调整色调/色度 (P12)

调整一个图层的混合模式 (P12)

使用工具：

裁切工具 (P17)

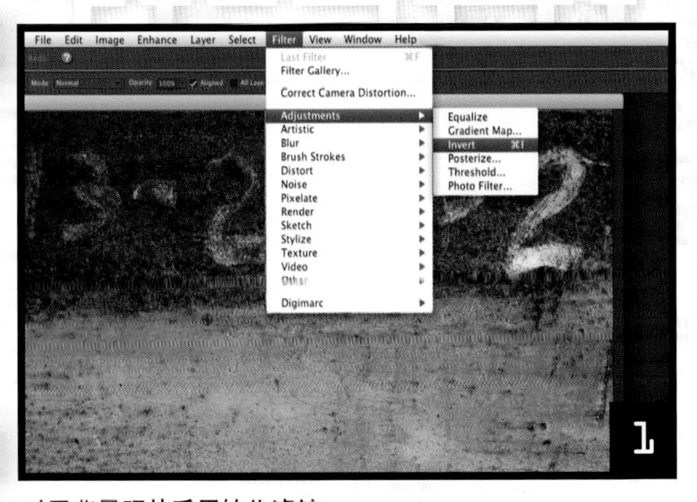

对于背景照片采用转化滤镜

打开锈蚀的背景照片并将其复制作为你的工作文件。转化该背景至图层0。要制作该影像的负片（这里的彩色都要转化为相应的颜色）应采用转化滤镜［滤镜>调整>转化（Filter>Adjustments>Invert）］。

此外，我原来的红色和紫色背景就变成青色和绿色了。

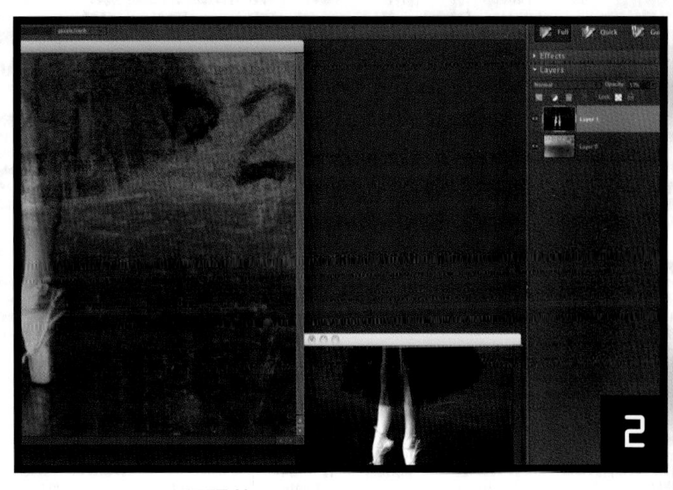

增加并调整主题照片

打开主题照片并将它移动至工作文件中［该照片将成为图层1（Layer 1）并应处于图层0（Layer 0）之上］，重新调整尺寸以与背景相匹配，必要时需要旋转该图像，然后调整图层的不透明度（Opacity）调至[illegible]。

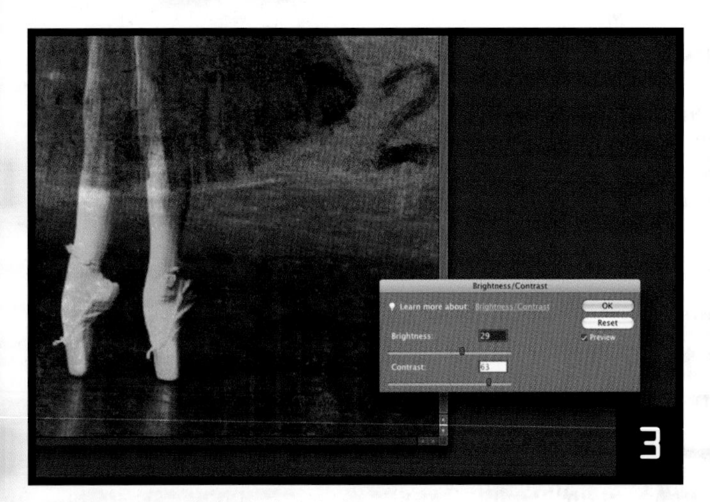

调整主题图层的亮度/对比度

要使得主题更具时代感，应增加图层1的亮度/对比度（Brightness / Contrast）。在亮度/对比度菜单中，我将亮度（Brightness）调整至29而对比度（Contrast）调至63。

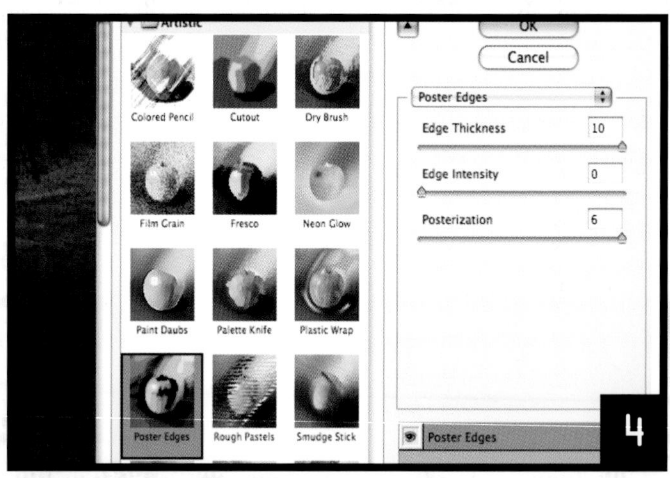

采用粘贴边缘滤镜

混合所有的图层。要给你的影像加入纹理和深度，应用粘贴边缘滤镜(Poster Edges Filter)，［滤镜>艺术处理>粘贴边缘(Filter>Artistic>Poster Edges)］，调整的级别水平如下：边缘厚度（Edge Thickness）：10；边缘强度（Edge Intensity）：0；色调分离度（Posterization）：6。

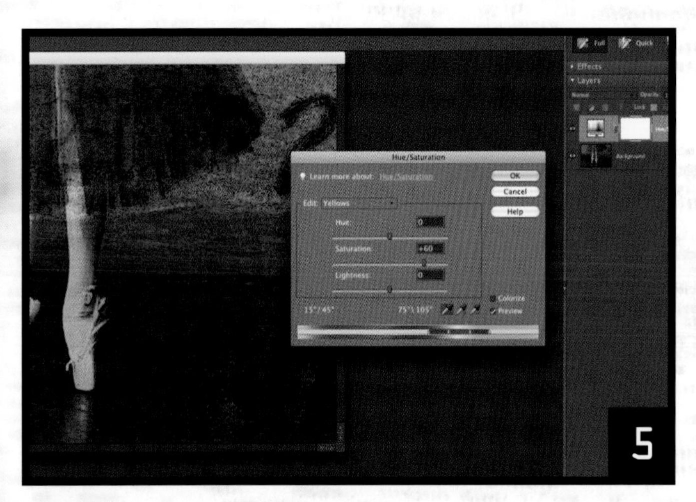

调整色调

退后一步看看哪些调整对作品图像有利，这通常是个好主意。后来我重新审视这幅作品，因此被触动而做了少许增补。想要作品具有暖色调，就增加黄色的色调。打开色调/色度（Hue / Saturation）菜单并在新的调整图层中进行改动。在编辑下拉菜单中，选择黄色并改变色度（Saturation）约为+60。

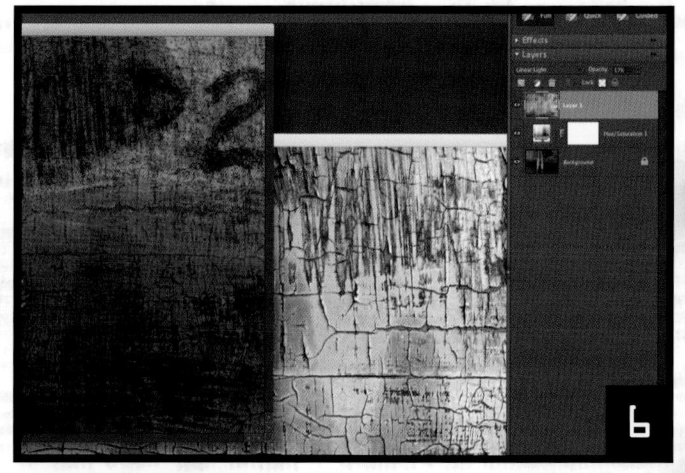

增加并调整纹理照片

打开纹理照片并将其移动至工作文件中。按需要调整尺寸以适合工作文件。将新图层（图层1）的拼合方式调至线性光（Linear Light）并调整不透明度（Opacity）至17%。对该影像平面化并保存该文件。

失而复得

作者：佩姬·迈耶·古拉明斯基
(Peggi Meyer Graminski)

作品《失而复得》表示希望。即使我们面对认为没有希望的问题时，解决问题的方法也就在身边，有时正确的路就在我们脚下。即使我们目前的处境显得暗淡无助，夜空中的星星就也表明了一种不屈的希望。

佩姬在这幅作品中把两张彩色照片组合在一起。她在亚利桑那州比斯毕拍的一张外景照片上使用了图像处理中的转换功能（草地和树），她柔化了照片的某些部位，各处都稍稍作了色彩化处理。最后，她作了最后一番修饰——加上了钥匙和夜空中的星星。

使用软件

Corel Paint Shop Pro X。

试试这个技巧

转变某一作品的局部颜色。选择某一区域用套索工具，然后对于所选区域采用转化滤镜。

岩底的希望

采用滤镜：摄影及照明效应

当我要艺术创作的时候，我通常去接触一些灰暗的情绪。然而，我的作品看上去决不是滞留在这些暗淡之中。几乎总是有一种希望之光能成为主题事件的亮点。本作品是我所列举的非常好的例子。

在你的作品上或在你作品的某一主题上采用照片滤镜就可以改变该照片的整个色彩体系，可以把色彩变成暖色调或冷色调。加上点光滤镜可产生一个有趣的照明效果，而在本作品中使其产生有光照在上述主题上的视觉效果，吸引了来自岩底的年轻人。对滤镜图层采用混合模式可以产生更加有趣的效果。我建议尝试各种滤镜设定及混合模式，因为每一种模式都会产生不同的效果，而且你一定会发现很多对你作品有益的东西。

必备要素：

数码材料

油画背景：你可以使用一张照片或用你自己的油画扫描

主题照片：最好用带立体背景的作品

附加主题照片

纹理照片：粗质纹理

主要艺术作品的来源

时装模特照片：

Clarita （www.morguefile.com）

杂乱树林纹理结构：

badeend（www.morguefile.com）

鸽子照片：

©iStockphoto.com/DNY59

技术手段

复制一个文件（P15）

应用照片滤镜（P15）

调整图层1的混合模式（P12）

移动一个文件到另一个文件（P9）

放置图层（P11）

重调尺寸/旋转（P16）

羽化（P16）

采用照明效应滤镜（P14）

合并图层/拼合一个图像（P11）

使用工具：

魔棒工具（P9）

套索工具（P9）

1

将照片滤镜用于油画背景

打开油画背景并复制该文件作为你的工作文件。然后，在新的调整图层上采用照片滤镜（Photo Filter）。将其模式留在正常位置且不透明度为100%（这些设定可以在使用滤镜后在图层面板中改动）。用照片滤镜菜单中各种不同的选项进行试验，我选定了“在水下”（Underwater）默认颜色（浅绿色）和100%密度，而且我检查了用于保留图像平均亮度的方框。

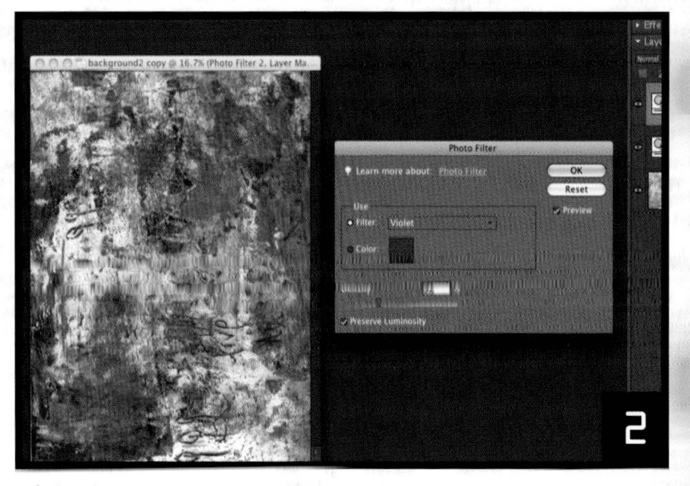

应用混合模式和第二张照片滤镜

在图层面板中用不同混合模式进行试验。我选择了用100%不透明度滤光。通过另一张照片滤镜进一步调整颜色。为了再减少一点绿，使用下述设定再次应用照片滤镜（Photo Filter）：滤镜（Filter）：紫色（默认颜色），密度（Density）：22%，检查用于保留图像平均亮度的方框。

加上主题照片并除去背景

打开原先的主题照片[一张单色（或接近单色的）的背景照片最好]，将其移动至工作文件中并确保图层处于油画背景的顶部。将混合模式设定到强光（Hard Light）——这就使得油画背景隐隐约约显露。然后，用魔棒工具调到公差约为10，对所选照片的背景区域进行选择并将其删除。按需要将主题定位，我此处的主题就是底部附近给了他处在封闭空间底部这种感觉。

加上并调整粗糙纹理照片

打开粗糙纹理照片（我在此使用了杂乱的木头照片）并将它移动至你的工作文件中。重新调整尺寸以与工作文件匹配。将该新文件的混合模式设定至强光，该强光会给该影像增加亮度的效果。移动在主题图层后面的纹理图层。

应用焦点光滤镜

通过进入照明效应滤镜（Lighting Effects Filter）菜单对于粗糙纹理图层应用一个点光照明。此处我设定的标准如下：形式（Style）：柔性点光（Soft Spotlight）；照明形式（Light Type）：点光（Spotlight）；强度（Intensity）：负98及窄100（Negative 98 and Narrow 100）；焦距（Focus）：100。性能调整如下：光泽度（Gloss）：0；材料（Material）：75；曝光（Exposure）：−36；环境气氛（Ambiance）：15；纹理通道（Texture Channel）：无；高度（Height）：50。

加上并调整第二张主题照片

打开第二张主题照片。用磁性套索工具环绕主题进行选择。选择用半径为30羽化边缘。移动该选择到工作文件中并按要求放置好。按需要重新调整尺寸并旋转该图层。将该新图层的混合模式设定至强光。将该影像平面化并保存该文件。

美德 | 作者：盖尔·布莱尔（Gale Blair）

关于本作品，盖尔想要让某些部分产生梦幻的视觉效果，就好像在薄雾里看花一样。她喜欢作品更加形象化而不是浮于表面，她就是用这种情感来表达的，她说："那正是我在作品中希望得到的东西。"

盖尔将冷却滤镜调至密度31%。她在滤镜上应用了差值混合模式，该滤镜就会将背景影像的对比度色调变暗。为了在她的拼贴画中刻画出暖色调同时在肖像面部跳出一点蓝色色调，她采用了深红滤镜，将密度调至21%。

使用软件

Adobe Photoshop CS3。

试试这个技巧

采用你以前没有尝试过的一种照片滤镜设定。

走向自由

用剪贴簿组件制作

我记得我在一本流行杂志中第一次看见了数码制作的剪贴簿页时我惊讶万分，当时我想着“这数码是怎么回事呢”？在设计中所出现的每个元素竟然如此真实，且都来自曾经使用过的瞬间即逝之物，对于亚麻纸的黑暗边缘它具有一种三维效果。于是我很快就对用数码剪贴簿组件创作艺术变得十分着迷并成瘾。在数码剪贴簿组件中包含的所有元素对于数码剪贴簿配置和数码拼贴图都是完美的。不过在线的这些产品有供过于求的现象；如果你能在某一家剪贴簿实体商店里发现这种产品，那就一定可以找到一种数码版本。

必备要素：

数码材料

主题照片

数码剪贴簿纸：一幅背景纸和另外一张纸（带状或全部）（注：你可以购买一套剪贴簿组件或单独购买元件）

数码框架装饰

小图案框架装饰，像一朵花或一颗心

数码剪贴簿字母（单独的字母文件）

数码标记或附录

主要艺术作品的来源

数码组件：由詹·威尔逊（Jen Wilson）设计的都市波希米亚人（www.jenwilondeigns.com）

字体：1942报告字体（www.dafont.com）

技术手段

复制一个文件（P15）

选择一个前景/背景颜色（P10）

移动一个文件到另一个文件（P9）

重调尺寸/旋转（P16）

将背景转化为图层0（P10）

放置图层（P11）

合并图层/拼合一个图像（P11）

复制一个图层（P10）

使用工具：

魔棒工具（P9）

选框工具（P18）

油漆桶工具（P18）

画笔工具（P17）

文字工具（P18）

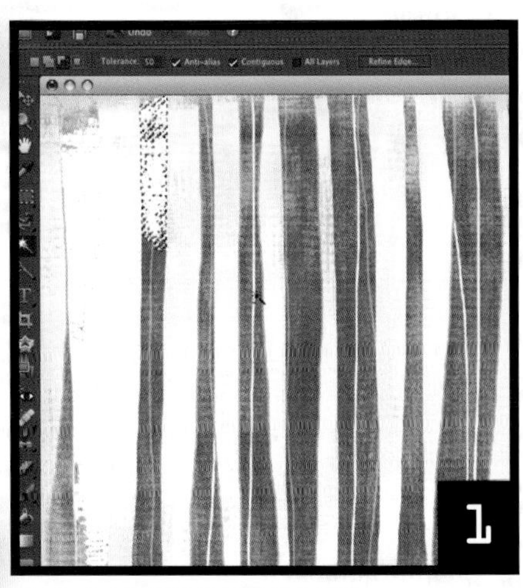

除去背景纸不需要的部位

打开你的背景数码纸文件并复制作为工作文件。为了让该页面显得凌乱斑驳，应去除图案的某些部位。同时将背景的颜色调为白色接着采用磁性套索工具，容差（Tolerance）设定为60，选择图案的任一部位。然后按下删除键，重复来除去整张纸上不需要的部位。

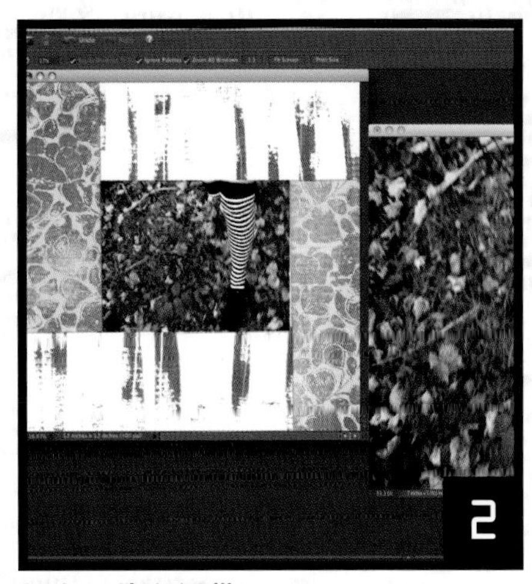

加上照片和纸带

打开你的个人照片并将其移动至工作文件。按要求调整尺寸并在背景上位置居中，在照片周围留下宽的边框。打开一条数码带状纸并将其移动至你的工作文件中（如果你没有数码纸带，你可以从一整张数码纸上选择一个矩形区域并移动该选择到工作文件中）。复制该图层以制作第二条纸带，按需要放置到位。

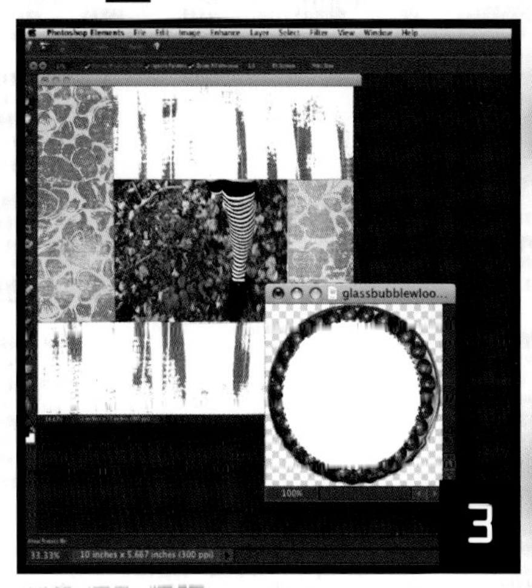

制作边框装饰

打开数码边框，你可以采用选择工具（Marqucc Tool）来制作一个比边框透明部分稍稍大一点的形状，将背景的颜色选为白色，然后选择油漆桶工具。点击该形状填入白色，再次选择该形状。应确保背景图层变为图层0，然后放置好这些图层，这样该形状就位于边框的后面。接着打开一个小数码元件并将其移动至带边框的文件内，同时将其放置在边框的后面。将这些图层平面化，然后移动至工作文件内。

添加附加元素

打开有附加装饰图案的文件并将其移动至工作文件内，按需要将它们放置到位。此处，我沿着照片和纸带的边缘放置了一些缝线，同时我也对边框照片加上了一些花彩字。

添加标题字母

为了要在你的作品中加入标题内容，应打开合适的字母文件（每一个字母就是它自己的影像文件）。将字母移动至工作文件中，按要求将其放置到位，并对它们进行旋转并重调尺寸。最后混合这些图层。

绘制边框和涂鸦

在你的作品中加上手绘涂鸦。选定画笔工具(Brush Tool)并选择书法画笔(Calligraphic Brush)。从菜单中选择7像素的平刷画笔(Flat Brush 7 Pixel)。

保持默认设定状态。采用该画笔沿着作品画上大致的边框，并按需要在其他部位涂鸦。要制作小巧的圆圈涂鸦，应从各色俱全的画笔菜单中选择圆圈1的18像素的画笔并用渐隐方式(Dissolve Mode)将其设定至像素49。

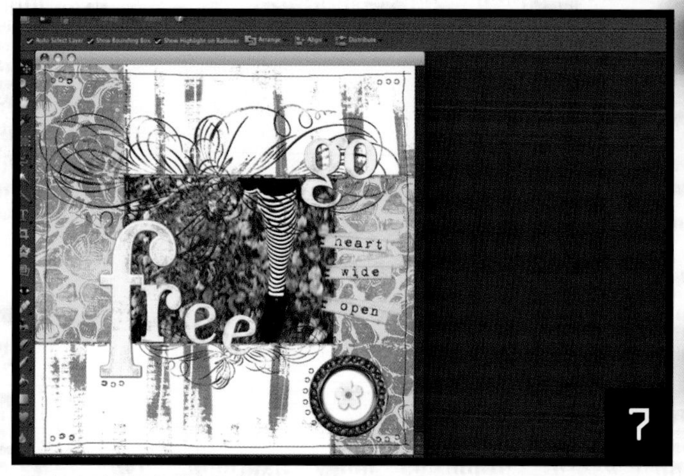

添加标签并打印文本

打开带标签的文件并将其移动至工作文件。按需要重调尺寸并旋转；你就可以在标签上加上文本框，这样就有足够的位置来打印。按需要复制附加文本的图层。选择水平形式的工具(Horizontal Type Tool)并在你的标签上点击。按需要打印你的文本，然后选定移动工具并旋转该打印图层与标签匹配。重复这一步骤将文本加到其他标签上。该作品完成，应将该影像平面化并保存该文件。

数码描述：

这些网址仅仅是众多数码剪贴簿组件中的几个而已：

www.oscraps.com

www.wearestorytellers.com

www.littledreamerdesigns.com

莫洛凯 | 作者：米歇尔·谢富兰特 (Michelle Shefveland)

米歇尔说："本作品的用意是为我去夏威夷拍的梦幻般的照片制作一本杂志，所以我收进了一本外景写生簿，即旅行日志，还有我旅途中各种瞬息一现而又非常珍贵的影像资料。" 她运用了各种混合模式，采用了手画纸质影像并采用了数码画笔技巧。米歇尔采用了弯曲工具（该工具在图像处理软件中可以提供），在许多元素上制作了自定义提升阴影，以减弱其亮度。她给这幅照片上了一种深棕色。

使用软件

Adobe 图像处理软件 CS3。

提供者：天然的写生簿（日记1本）、带底纹稿纸2张（背景）、常春藤（订书钉）、天然的花园元素（蜜蜂型贴纸，铰链）、钥匙2把、我的心（钥匙绳索）、和平瞬间（老式的边框）由米歇尔·谢富兰特（www.cottagearts.net）提供；鲜红色的纪念页（明信片）、日的地（花体字）、金秋（老农的历书）由多利斯·卡斯特（www.cottagearts net）提供；马尼拉牙签（明信片，票据，过时的节目单）由朱莉·美特（Julie Mead）（www.cottagearts.net）提供；我在PSE7培训光盘中学习数码剪贴技术的历史组件（节约）（www.cottagearts.net）

字体：夏威夷·凯洛（Hawaii Killer） 杰佛森（Jefferson） 代表性作家。

试试这个技巧

要给你的数码组件元素增加深度，就应该给每一图层加上下滴阴影。要这样做，应打开效果面板，点击该图层式样光标，从下拉菜单中选择点滴阴影，并选择低或软边框点滴阴影选项。要调整该阴影，只需双击图层面板中"fx"即可。

突出自我

制作一幅自画像的拼贴图

自画像的创作是一种自我发现的机会，不仅是对身体的发现，而且也是情感的甚至是精神上对自我的发现，一张自拍的照片就是我们在生活中某一特定时刻的文件资料。某些艺术家通过自拍的行为来寻求关于自我的答案，而其他人却用它来作为自我表达的一种形式，以揭示他们已经了解的自我。自拍像创作的过程可以很流畅又具有疗愈功能。通过艺术处理来描述我们的肖像图层之内，我们可以看见我们的过去及我们的现在，而且还可以投射出我们想成就什么样的未来。关于这种创意，应尽量将你自己的影像与其他照片或那些具有强烈个人色彩的照片元素组合起来。看看这个过程会引导你去向何方以及它如何来改变你，让你变得更好。

必备要素：

数码材料

你自己的照片：只含脸部和颈部

辅助照片：一些来自大自然的树木和花朵之类，效果会比较好

纹理照片

主要艺术作品的来源

树的照片：

www.morguefile.com

技术手段

创建一个新的空白文件（P8）

移动一个文件到另一个文件（P9）

放置图层（P11）

调整一个图层的混合模式（P12）

调整一个图层的不透明度（P12）

合并图层／拼合一个图像（P11）

使用工具：

魔棒工具（P9）

画笔工具（P17）

仿制图章工具（P17）

裁切工具（P17）

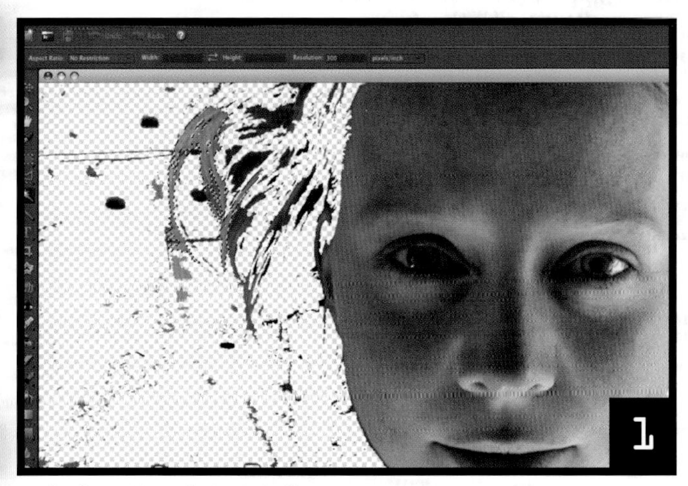

从你自己的照片上除去背景

打开你自己的照片。然后创建一个新的空白文件，选择透明作为背景内容并且按你自己照片相同的尺寸进行测量［进入影像>重调尺寸（Go to Image>Resize）并检查那些测量尺寸］，将彩色方式（Color Mode）设定至RGB红、绿、蓝颜色作为你的工作文件。将你自己的照片移入工作文件。采用魔棒工具来删除你脸部周围的部位（如背景和你的头发）。采用该魔棒工具（Magic Wand Tool）［代替套索工具（Lasso Tool）］就会给作品一个阴沉的视觉效果。按需要进行公差标准大小的调整。

在你自己照片的后面添加附加照片

将混合模式调到强光（Hard Light）。打开附加照片并移入工作文件（这就成了图层2），重调尺寸以适合工作文件，然后放置图层，这样该新图层就位于你自己照片的后面。

在新图层中加盖印章画笔

选择画笔工具并按需要将前景色彩调好。打开系统预置画笔菜单，选择粗圆鬃毛画笔（#100）[(Rough Round Bristle Brush #100),要不然你可以下载一个印章画笔；参见第16页学会如何操作]。调整不透明度（Opacity）约为40%并调整尺寸稍稍大于这个设定值。在用你的画笔加盖印章之前，要给这个画笔作品创建一个新的图层，再在自然影像的部位加盖上该画笔。

改变第二图层的混合模式

当你的画笔作业完成时，将该图层［这应该是图层3（Layer 3）］移动至图层2（Layer 2）的后面。将图层3的混合模式设定至强混合（Hard Mix），调整不透明度直至你满意为止。合并这些图层。

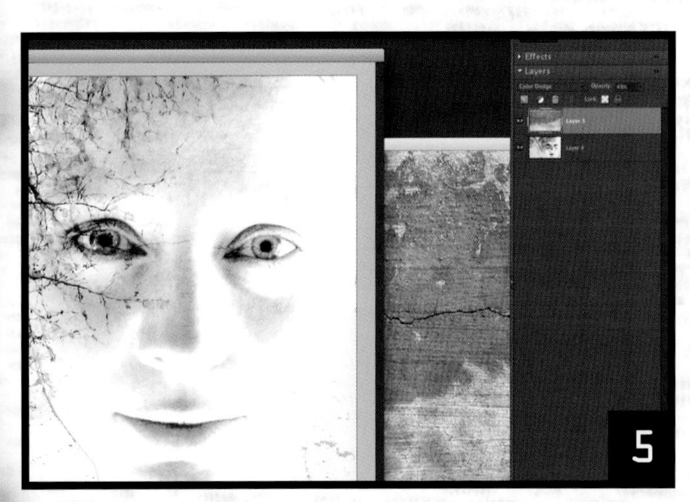

添加并调整纹理照片

打开纹理照片。移动纹理照片至你的工作文件中并按需要重调合适尺寸。将图层的混合模式设定至彩色变淡[（Color Dodge），这就使基本色调变亮]，且把不透明度调至48%。合并这些图层。

用仿制图章工具除去反差强的边缘

采用仿制图章工具（Clone Stamp Tool），可以去掉在你脸左边和右边反差强的边缘。只要仿制你想要替代的纹理（如光线较强的背景），将其放置在反差较强边缘的上面。也可以使用仿制图章工具来除去工作文件中黑暗或有斑点的部位。在黑点周围仿制明亮的部位来将其覆盖。为了使仿制外观柔和平滑，我通常将该工具的不透明度约调至50%，然后根据需要在那里调整。当你完成仿制时，如需要可裁切该工作文件。工作结束时保存该文件。

无题 | 作者：朱莉亚·范·德尔·沃夫（Julia Van Der Werf）

“当我制作这幅自我肖像的时候，我才知道我是一个多么有耐心的人。”她说，“花了几个小时来找到合适的元素和颜色。我开始一遍遍地制作直至我对结果感到满意为止。”朱莉亚采用了几幅影像来制作这幅自我肖像作品的前景并用气刷笔工具画了四个图层。朱莉亚说该作品的秘密就是透明度。她擦除每一图层不需要的部分以便使所有图层清晰显示。她在自己的影像上采用了界限滤镜。该窗口的影像就是一种来自她自己数码剪贴簿组件中的影像。

使用软件

Corel Paint Shop Pro。

试试这个技巧

在一幅自我肖像中组合三张或三张以上的影像图片。

沃特之破碎的心

用画笔工具进行着色

我喜欢收集老式照片并且对橱柜卡片和锡版照相法有所迷恋。在这些老照片中主题人物面部表情的缺失引起了我的兴趣，因为尽管这些人的面部表情是那么刻板，但他们真正的精髓总是通过他们的眼睛透射出来。当我看见眼睛的微笑或神态中的忧伤时就完全被它迷住了。我陶醉于在数码图片里尽力捕捉到这些精髓，正如我在本作品中所做的一切。

在《维鲁卡的梦想》（见第50页）中，我用单色填充图层复制了着色照片的传统艺术。在这项制作中，你可以学会通过采用画笔工具这样不同的方法模拟相同的工艺过程。图像处理软件提供了很多画笔任选项和设定，能让你切实得到所需要的效果。

必备要素：

数码材料

环境照片：一张开放式的环境照片，如一间空房间或田野里的一片空旷地
纹理照片：有裂纹的纹理
纹理照片：老式纹理照片
主题照片：黑白照片；老式的肖像照片较好，但是你也可以用彩色照片进行转换
辅助照片：一个边框；最好带一个立体背景及边框内的立体部位
辅助照片：一幅可以贴边框的影像图片
辅助照片：一颗心，既表示人体一种器官也表示心的形状
自定义画笔：火焰

主要艺术作品的来源

老绅士照片：书及CD光盘
带裂纹的纹理图片：www.morguefile.com
房间照片：©iStockphoto.com/gremin
边框照片：©iStockphoto.com/winterling
心脏照片：clarita(www.morguefile.com)
老式纹理图片：WHEREISHERE(www.flickr.com/groups/textures4layers)

技术手段

复制一个文件（P15）
移动一个文件到另一个文件（P9）
重调尺寸/旋转（P16）
调整一个图层的混合模式（P12）
调整一个图层的不透明度（P12）
放置图层（P11）
选择一个前景/背景颜色（P10）
将背景转化为图层0（P10）
加载一个自定义画笔（P16）
采用效果工具箱（P14）
调整色调/色度（P12）
复制一个图层（P10）
合并图层/拼合一个图像（P11）

使用工具：

套索工具（P9）
魔棒工具（P9）
擦除工具（P18）
缩放工具（P18）
画笔工具（P17）
模糊工具（P17）
仿制图章工具（P17）

复制环境图片并加上纹理

打开环境照片并复制该文件，这就成了你的工作文件。在此处我采用了一间房间的照片作为我的背景环境，打开纹理照片并将其移动至工作文件中。按需要重调尺寸以适合该文件，将纹理图层的混合模式设定至亮光模式（Vivid Light），并将不透明度（Opacity）调到22%。

选择主题

打开黑白主题照片并用磁性套索工具(Magnetic Lasso Tool)选择该主题，将所选内容移动至工作文件。然后采用魔棒(Magic Wand Tool)或擦除工具(Eraser Tool)来清理该主题的周边，除去所有不需要的像素。采用魔棒工具来选择不需要的部位。按需要调整容差——容差越高，所选择的像素就越多。采用擦除工具去除所有不需要的部位。当擦除时使用放大功能可获得最精细的作品。

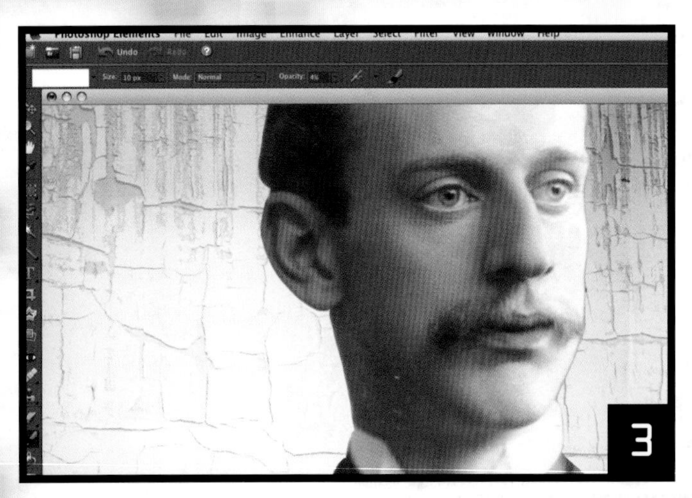

给黑白照片图层着色

按需要设定背景的颜色（给人物上色，我喜欢从皮肤开始，此处我将背景调至深咖啡色）。选定画笔工具并从默认画笔菜单中选择硬圆画笔(Hard Round Brush)。将不透明度降至约4%，并调整尺寸。打开画笔工具栏中画笔插图下的下拉菜单来降低画笔的硬度（在混合时要增加）。至于头发，我先用了黄色并在顶部加点褐色用不同的高光给头发逼真的感觉。

让边框透明并加入文件

打开边框照片（你可以准备一个立体背景的边框）。将背景层变成图层0，然后用魔棒工具在照片中选择立体背景。删除该选择。将边框移动至工作文件内（该边框应该透明）。

数码描述：

在一幅新图层上加上画笔功能是一个绝妙的主意[图层>新>图层(Layer>New>layer)]。这就能让你在不弄乱其他图案的情况下很方便地纠正错误。

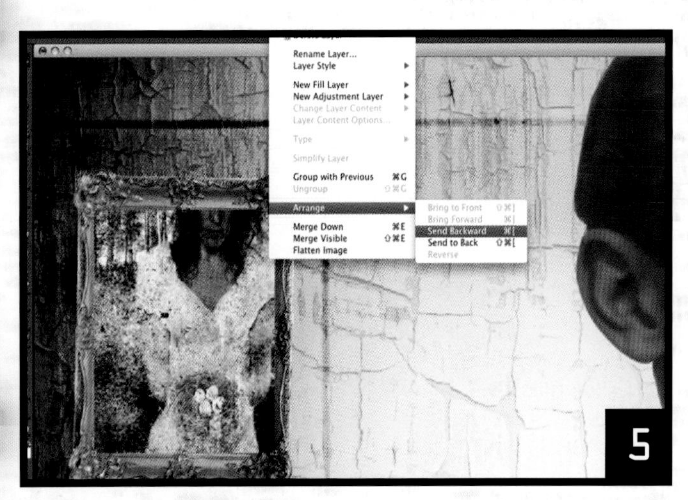

将图层放置于边框照片上

打开要做边框的照片。将其移动至工作文件，并放置在该边框之上。配置（Arrange）图层，这样最新的图层就在边框图层之后[（Send Backward），但仍然在背景图层之前]。按需要将所有的图层重调尺寸并旋转以保证彼此匹配协调。

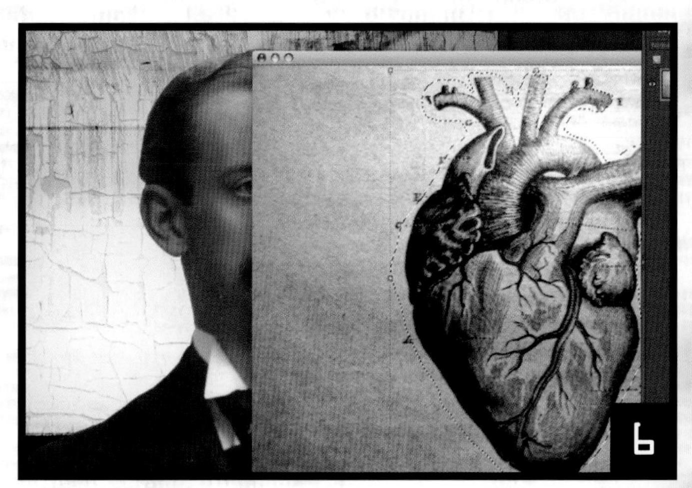

添加心脏的图层

打开心脏的照片。用磁性套索工具选择该心脏的图案并移动至工作文件内。按需要重调尺寸并旋转。用擦除工具或魔棒工具清除所有边缘。

将心脏图层一分为二

要制作一个破碎的心脏，应该选择多边形套索工具。选择心脏图案的一半，在中下部制作一个曲折图形。然后移动所选区域来分开心脏图案。

加载自定义画笔火焰

在作品上加上火焰可以加强破碎心脏的象征意义。要添加火焰，首先要创建一个新的图层［图层>新>图层（Layer>New>Layer）］并将前景颜色调整为橙色（在放大图层上放置画笔功能就能方便以后改动）。下载自定义火焰画笔（调整该画笔的尺寸和不透明度直至满意为止）。将火焰加盖于新图层上，并将该图层移动至心脏图案之上。然后，放置这些图层，这样火焰图层就位于心脏图层的后面。之后，采用同样的步骤将火焰加至边框上。最后完成时，可以采用擦除工具清除所有不需要的火焰（或直接删除该图层）。

给主题和边框加上少许阴影

给主题图层和边框图层加上少许阴影。在你需要加上阴影（Drop Shadows）的图层上点击，并进入效果面板（Effects Palette）。在下拉菜单中选择微量阴影(Drop Shadow)并双击柔和阴影(Soft Shadow)。你就可以在图层面板那个图层上双击 fx 插图来调整点滴阴影

添加并调整复古纹理

打开复古纹理图层并将其移动至工作文件中。按需要调整尺寸，并确保该图层在前面。将混合模式设定至放大(Multiply)。

调整环境图层的色调

调整第一图层的色调（环境图层为图层0）。在色调/色度（Hue / Saturation）菜单中，按需要调整色调。可以向左移动色调滑块来获得更绿的色调。

复制主题图层变亮

要使主题变亮，应该复制该图层。将所复制图层的混合模式设定为强光（Hard Light）。

柔和主题图层的边框

合并所有图层。采用模糊工具（Blur Tool）来柔和主题的边框。

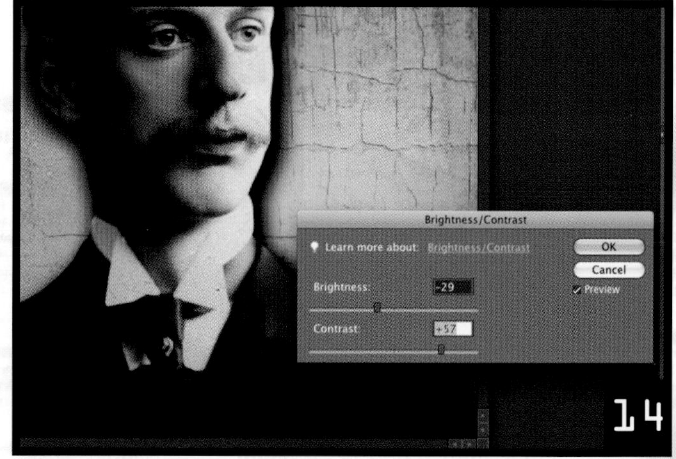

最后的调整

按需要对作品进行最后的调整。在此，我在亮度/对比度（Brightness / Contrast）菜单中进行了调整来增加深度。同时确定该男子面部的右侧阴影太强而且所给的光源不起作用。于是我就在阴影外侧需要修改的部位使用了仿制图章工具并在该阴影上面进行了处理。完成时，将该影像平面化并保存该文件。

水果盘

作者：理查德·沙力
(Richard Sally)

理查德的这件作品一共有21层图层。原始作品是一张黑白影像照片。他增加了八个单独的彩色图层（橙色、紫色、黄色、浅绿、叶绿、褐色、金色和红色），同时还应用了一层膜（LayerMask）（在图像处理软件中提供）。膜可以让你隐藏某一图层的很多部位并且可以揭示下面的图层。

使用软件

Adobe Photoshop CS2。

试试这个技巧

采用擦除工具复制上面讨论过的制膜技术。首先，使用各种彩色图层给你的照片上色。要表示底部图层，应用擦除工具调整至一个低水平的不透明度（小于20%）来清除顶部图层。

4

无缝拼合

影像合成重现蒙太奇艺术

格雷戈里·豪恩（Gregory Haun）在他的《摄影拼贴技术》一书中谈到了关于拼贴图与蒙太奇的区别。在拼贴图中，各自的元素通常都有明显的线条和边缘，这样就很容易对各种元素构件进行区分。而蒙太奇（有时指摄影蒙太奇）手法却是由像马克思·欧内斯特（Max Ernst）这样的艺术家用来绘制的近代作品，他将把详细的物品数字信息进行组合，构建了相对无缝隙的图像。蒙太奇作品有时也指一种拼贴图，然而，两者又有明显的差异。在一幅蒙太奇作品中，各种影像天衣无缝地组合起来却没有明显的边缘，但是在拼贴图中这种边缘就客观存在。当我们看一幅数码蒙太奇照片的时候，你就好像在看一幅单张照片，除了你知道这种情况是不可能的，因为这些内容通常是梦幻般的。

图像处理软件提供了大量工具，这些工具可以用来制作完美无缺的无痕迹的数码蒙太奇图片 如各种照明效果、用于阴影的工具，当然还包括拼贴模式。如果你曾梦过拿了一只心形的红气球在夜空中飞翔，那么现在你就可以梦想成真了。

我们行吗？

制作自定义画笔

我竭力保持与时事同步，但日常看新闻却让我感到困扰，因为那么多所见所闻进到心里，我会为我所看到的种种感到难过。当今所面临的这些事件和问题对于一个国家和整个世界来说都可能看似无解，于是我经常想要发问，那么我们自己是否能够克服呢？这件作品就是我所质疑的代表之作。

你可以从各种不同的来源中创建自定义画笔，如选择照片：打印你的文本及你在图像处理软件中制作的设计，或你涂鸦的扫描资料。该影像一旦定义为一支画笔，在你的画笔菜单中就立刻变成一幅黑白影像。因为创建蒙太奇作品包括一种对某些现实主义的需求，同时又能使你自己定义的画笔神通广大到无所不能。

必备要素：

数码材料

辅助照片：火焰

环境照片：你可以在这张照片上加上火焰和烟雾

自定义画笔：烟雾

主题照片：带立体背景的黑白照片，环境照片将采用该形状

主要艺术作品的来源

火焰的照片：由fattymattybrewing（www.morguefile.com）提供

绿色房子的照片：由kevinrosseel（www.morguefile.com）提供

桶的照片：©iStockphoto.com/agehret

烟雾画笔：由Graphics及charon（http://ch-photoshopped.livejournal.com/）提供

技术手段

羽化（P16）

创建一个新的空白文件（P8）

移动一个文件到另一个文件（P9）

复制一个文件（P15）

选择一个前景/背景颜色（P10）

创建一个新图层（P10）

加载一个自定义画笔（P16）

重调尺寸/旋转（P16）

调整一个图层的混合模式（P12）

调整色调/色度（P12）

合并图层/拼合一个图像（P11）

使用工具：

选框工具（P18）

套索工具（P9）

裁切工具（P17）

画笔/铅笔工具（P17）

1

选择火焰照片的一部分

打开火焰的照片，可以用选框工具，也可用套索工具[（Marquee Tool），我用过的]，来选择你需要照片的某一部位以做成画笔的形体，[illegible]部分，确保用套索工具制成一个人的形状。用半径为10－20像素羽化所选边缘。

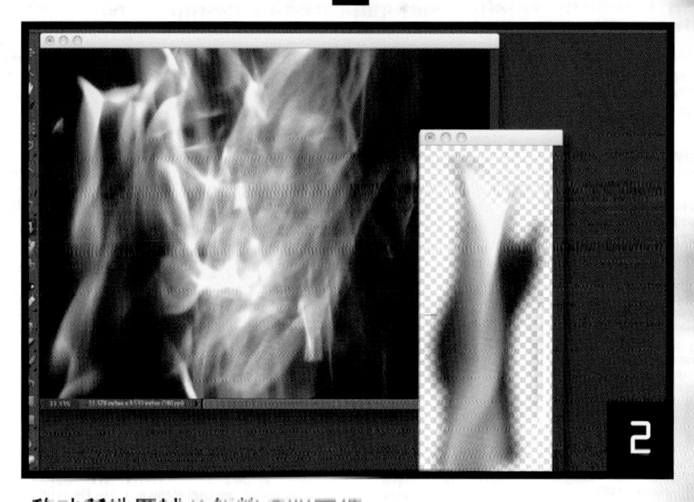

2

移动所选区域至新的透明文件

将彩色方式调至真色彩模式（RGB Color）创建一个300dpi且背景内容为透明状的新空白文件，我将该文件定尺寸为1000×1000像素，这样的大小就有了充足的空间进行制作。移动画笔选择（来自第1步）至空白文件。按需要裁切该文件，这样就恰好与画笔周边相配。

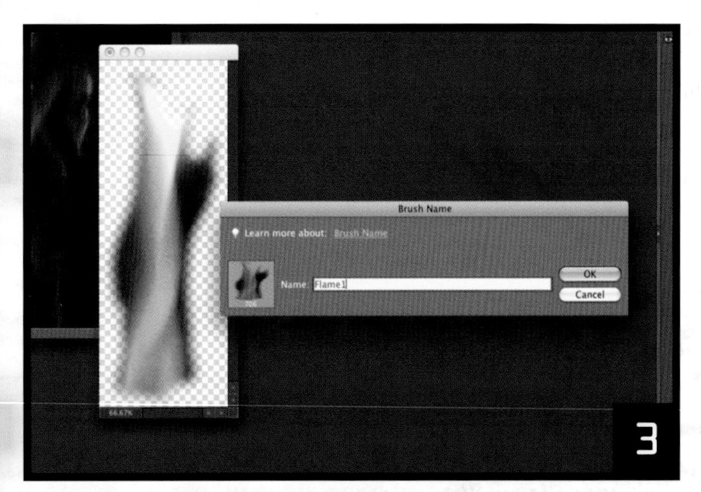

将新文件定义为画笔

选择画笔工具（Brush Tool）然后进入你想要添加你的自定义画笔的设定。我一般将自定义画笔保存在系统默认画笔设定中。要这样做，只需在画笔工具栏中选择默认画笔，然后进入编辑>定义画笔（Edit>Define Brush）。对你的画笔命名并点击“OK”，你的画笔就会出现在默认画笔下拉菜单的底部。现在你可以像使用其他画笔一样使用该画笔了，按你的意愿选择一种尺寸和颜色。我在同样的方式中制作了三个以上的火焰自定义画笔。

在环境照片上加盖画笔

打开环境照片并将其复制。这就成为你的工作文件。将前景颜色变成橙色并确保你的火焰画笔仍然被选择。在你的照片上加盖火焰印章（我使用了一幢房子的照片并在窗户上加上了火焰）。要获得逼真的视觉效果，就应该将不同的火焰重叠起来并调整你已经制作的火焰画笔的大小和不透明度。将画笔功能放置在新图层上相当明智，这样你可以根据需要进行编辑。

加载并加盖烟雾画笔印章

为了提高火焰的逼真效果，应下载一个烟雾自定义画笔。选择画笔并选择灰色作为前景的颜色。调整尺寸和不透明度，然后加盖烟雾画笔印章。当加盖印章时，应考虑该烟雾的合适位置。我要所有的烟雾看上去以相同的方向移动，好像被风吹一样。

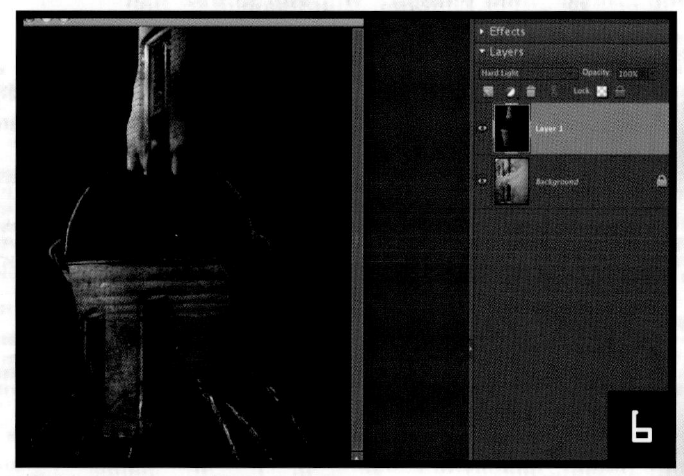

添加主题照片并调整混合模式

打开黑白主题照片，最好背景为黑色的一幅照片比较适用。将该照片移动至工作文件内，并按需要调整合适尺寸。将该新文件的混合模式调至强光（Hard Light）。按需要调整最终作品的色调/色度（Hue / Saturation）。我通过增加色度(Saturation)至+128来调整绿色的色调（这样就将颜色变成蓝色与水色相仿）。将该影像平面化并保存该文件。

诠释神话

作者：凯丽·谢立丹
(Kelly Sheridan)

凯丽设计的《诠释神话》用来刻画一位叫潘多拉的女神的传说。她的作品是由她自己用图像处理软件制作的各种自定义画笔组成，潘多拉女神睡在一张满是代码的床上并位于水色影像之上。所有这些文本元素都是用旧书扫描来制作的自定义画笔技法。而这些从开口盒子里飘逸萦绕出来的漩涡形影像也都是自定义画笔技法所致。

使用软件

Adobe Photoshop7，Corel Painter 8。

试试这个技巧

在用自定义画笔加盖印章之前，将混合模式调整至选择一种用光（如：柔光、强光、亮光等）。

追逐

用模糊效应产生动感

有时我在我的制作中遇到了处境艰难的经历，总希望一切都变得一片光明和完美。在这幅作品中，我原本打算探索害怕和担心的意念以及有时一个人怎么才感觉到好像他们正在被这些感觉持续不断地追逐。在我的创意之旅中有些神奇的事情发生了；我在最后的时刻加上了这只蝴蝶，并完全改变了这幅作品的基调。它从正在被追逐的恐怖而令人绝望的感觉变成了追逐一只甜美蝴蝶的可爱神态。

当你的作品需要创作动作时，在图像处理软件中的模糊滤镜是必不可少的。用这些滤镜尝试后，即每个人都会创造出无与伦比的效果。你也可以用各种设定稍稍调整每种应用功能。我想让本作品中的女性肖像以似乎在奔跑的姿态出现，结果发现动感模糊滤镜最适合获得这种效果。

必备要素：

数码材料

环境照片：户外环境，如树林

主题照片：一个正在行走或奔跑的人（或动物）

辅助照片：主题追逐的东西

主要艺术作品的来源

树林照片：

Manina(www.morguefile.com)

女人照片：

©iStockphoto.com/ranzino

蝴蝶照片：

©iStockphoto.com/ranzino

技术手段

复制一个文件 (P15)

移动一个文件到另一个文件 (P9)

重调尺寸/旋转 (P16)

应用动感模糊滤镜 (P14)

合并图层/拼合一个图像 (P11)

加上立体彩色填充图层 (P15)

调整色彩曲线 (P11)

复制一个图层 (P10)

应用高斯模糊滤镜 (P14)

将背景转化为图层0 (P10)

放置图层 (P10)

调整一个图层的不透明度 (P12)

使用工具：

套索工具 (P9)

魔棒工具 (P9)

擦除工具 (P18)

缩放工具 (P18)

打开背景照片并选择主题

打开户外环境的一张照片并制作一份复制文件作为你的工作文件。再打开移动主题的照片，采用磁性套索工具，选择该主题。移动该选择进入工作文件，按你的意愿放置到位并调整尺寸，清除该选择周围不需要的部位。你可以采用魔棒工具或擦除工具来进行清除。放大该选择以获得最精确的作品。

给主题应用动感模糊滤镜

要模拟动感，你需要在带主题的该图层上（图层1）应用动感模糊滤镜（Motion Blue Filter）。设定角度(Angle)至50及距离至29像素。合成这些图层。

将色彩填充图层加到背景图层

给该背景图层加上一种色彩可以让你为本作品创建一种气氛。这里，涂上紫色就感觉到安静、阴沉的气氛，用你所选择的色彩加至新单色填充图层。将混合模式设定至线性变暗（Linear Burn）且不透明度（Opacity）至100%。合成这些图层。

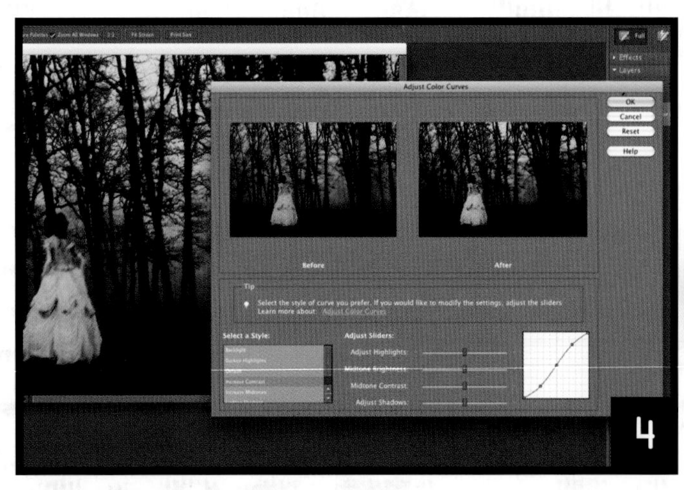

调整色调的范围

要调整工作文件的色调范围，需进入调整颜色曲线菜单（Curves Menu），此处我单单留下了滑块，并在方式菜单（Select a Style Menu）中选择增加对比度（Increase Contrast）。

采用高斯模糊滤镜

你目前应刚好有一个图层。复制这个图层。应用高斯模糊滤镜（Gaussian Blur Filter）至该图层复制件。当高斯模糊滤镜菜单打开时，设定半径至3像素。在进行本步骤的下一步之前，你应确保将原始背景图层（不是该复制图层）转变为图层0（Layer 0）。放置这些图层，这样复制图层就位于原始图层（图层0）之后。将原始图层的不透明度（Opacity）减少至26%。

添加要追逐的物体

现在要加入供你的主题追逐的某些东西，这里我加上了一只蝴蝶。对于这一步最好要采用带实体背景的照片。打开照片并用魔棒工具选择该实体背景。转换该选择［选择>转换（Select>Inverse）］。移动该物体进入工作文件并放置好，按需要调整尺寸并旋转。然后应用动感模糊滤镜(Motion Blur Filter)至该物体图层，并按要求调整设定值。当作品完成时，将影像平面化并保存该文件。

乌鸦 | 作者：蒂凡尼·艾里克拉·X（Tiffini Elektra X）

在这幅作品中，蒂凡尼谨慎又到位地使用了模糊滤镜工具，使得背景元素变得有凝聚力。她在圆圈内乌鸦后面的背景上以及在蓝色背景的某些元素上采用了模糊工具。此外，蒂凡尼还采用了一种彩色填充和点滴阴影工具，也使用了加深/减淡工具，同时她还制作了几枝白花和树枝形状的画笔。

使用工具

Adobe Photoshop CS4。

试试这个技巧

对作品的背景而不是主题应用模糊效应。这就模拟了用功能设定拍摄照片的效果。

旅行之光

用加深工具产生阴影

你曾经梦想过会飞吗？当我创建了数码艺术时我发现我这最狂野的梦想能够成为现实。不仅仅是能飞，而且我还能游览魔幻世界，跟随时间旅行以及在改变的现实中探索无数的可能变成现实。

为了制作一幅逼真的数码蒙太奇作品，有必要先制作光源合理的阴影。图像处理软件提供了各种各样的手段来实现这种可能，如在效应面板上加上点滴阴影（正如你在第84页《沃特之破碎的心》里使用的）并且还使用了加深工具，所以我们会在本作品中使用。

注：数码艺术家玛吉·泰勒（Maggie Taylor）是在她的作品中制作逼真阴影方面的专家。可以查看www.maggietaylor.com。

必备要素：

数码材料

环境照片：视野开阔的户外环境

主题照片：应该手拿一些东西，如气球或旗子

辅助照片：气球，带实物背景的照片更好

纹理照片

辅助照片：用于主题人物手拿的物品

主要艺术作品的来源

房子照片：

©iStockphoto.com/shaunl

女人照片：

©iStockphoto.com/upheaval

气球照片：

©iStockphoto.com/chieferu

手提箱照片：

©iStockphoto.com/nikamata

纹理：www.textureking.com

技术手段

复制一个文件（P15）

羽化（P16）

移动一个文件到另一个文件（P9）

手调尺寸/旋转（P16）

放置图层（P11）

调整一个图层的混合模式（P12）

调整一个图层的不透明度（P12）

调整亮度/对比度（P11）

合并图层/拼合一个图像（P11）

使用工具：

套索工具（P9）

魔棒工具（P9）

擦除工具（P18）

缩放工具（P18）

裁切工具（P17）

加深工具（P17）

选择主题并放置于背景照片之上

打开背景环境的照片，例如这张房子的照片，同时将其复制。这就成为你的工作文件。再打开主题照片。你将需要一个主题人物举手的姿势（如果你没有这张照片，可去拍一张）！这样作品就最适合于用主题人物举着什么物品比如气球或旗子的照片制作。在这幅照片中，用磁性套索工具(Magnetic Lasso Tool)来选择该主题人物。用半径设定至10像素，对所选的边缘羽化（Feather Selection）。移动该选择进入工作文件。按需要调整尺寸并旋转该主题人物。

清除主题人物的边缘

要使用魔棒工具(Magic Wand lool)或擦除工具(Eraser Tool)来清理主题人物的边缘，应除去任何不需要的像素。采用魔棒工具来选择不需要的部位。按需要调整容差——容差值越高，所选择的像素就越多。采用擦除工具来清除不需要的部位。当擦除时采用放大功能可以制作最精细的作品。

选择并移动气球

打开该气球的影像图片。该特别的影像图片是一种.eps格式（压缩的打印系统文件）文件，这是一幅透明的背景。这就可以选择一只断线的气球，很方便地裁切你要使用的气球周围，将其移动进入工作文件并重调尺寸，然后在你的气球照片里进入编辑>撤销（Edit>Undo）。重复这个过程直至工作文件的背景用不同大小气球填放好为止。在加入这些气球到工作文件上的时候，应该注意考虑保持比例协调；将气球做成不同尺寸，这样这些气球就以离前景不同的距离呈现。

擦除主题人物手中的物品

将主题人物手里的物品放大。此处，作品中的主题人物正拿着一只大气球，同时我想用另外一只气球来代替这只气球。应确保在图层面板中选择该主题人物的图层，同时接着选择擦除工具。完全擦除这只大气球。然后再加上一只气球（按你第三步的方法做），让主题人物拿着。

给地面加上阴影

要在主题人物下面的地面上加上阴影，应采用能让影像的某些部位变黑的加深工具，将前景颜色设定为黑色并选择加深工具（Burn Tool）。按需要调整工具的大小（我选170像素）并调整阴影的范围和约13%的曝光时间。确保在图层面板中选定背景环境图层，然后将主题人物身体之下地面上的阴影着色。按需要调整主题人物的位置（我将该女子向靠拢地面的方向稍稍移动，这样阴影就显得合理）。

加上纹理图层

打开纹理照片并将其移动至工作文件内。如果该新的图层出现在某些原始图层的后面，应将这些图层重新安排一下使新图层处于前面。将混合模式设定至彩色变暗（Color Burn）及不透明度（Opacity）至52%。

擦除纹理图层的某些部位

按需要，擦除新纹理图层的某些部位（用仍然在选择的纹理图层）。此处，我不喜欢紫色色调的纹理加到女子的衣服上，所以我擦除了纹理图层上的那个部位。调整擦除工具（Eraser Tool）的大小并按需要调整不透明度（我设定不透明度为52%）。

调整图层的亮度/对比度

按需要，调整图层的亮度/对比度（Brightness / Contrast）。我分别将女子的亮度（Brightness）调到+50，把对比度调（Contrast）到+20。

添加辅助物品

添加一种给主题人物另一只手中拿的物品。此处，我增加了一只手提箱并定好位置，这样主题人物恰好放开了这只手提箱。打开照片（实体背景的照片比较容易处理），用魔棒工具(Magic Wand Tool)选择该背景并进入选择>反向（Select> Inverse）。移动该主题人物进入工作文件。按需要将新主题人物图层重调尺寸并旋转。

调整主题人物图层

对主题人物图层的色调/色度（Hue / Saturation）及亮度/对比度（Brightness / Contrast）进行必需的调整。我要使我的手提箱色彩变暗，所以我就调整色调/色度，设定色度（Saturation）至−11，设定亮度（Lightness）至 0。

数码描述：

可以采用加深工具来柔化图层边缘以达到更加无缝的过渡。我在手提箱和女子的边缘上就是这样处理的。

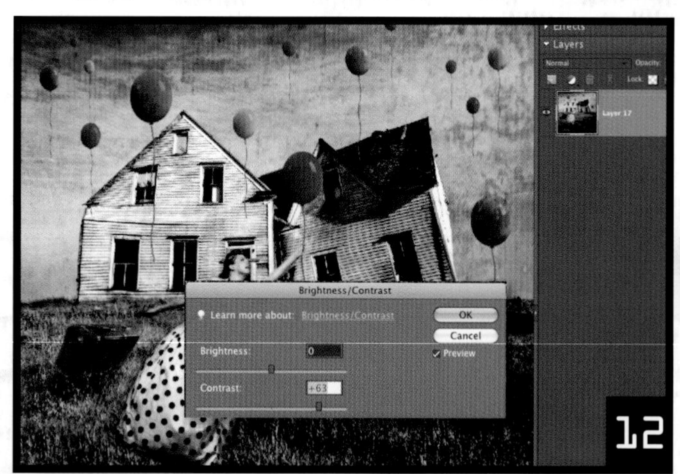

在物体下面添加阴影

该加入些阴影了！选择背景环境图层。用加深工具(Burn Tool)，在物体下面加上一个阴影（我也趁这个时机来添加这个女子的阴影）。如需要，调整该物体的位置（如更接近地面）。

混合图层并进行最终调整

现在所有的图层都放置到位，看看你的整个画面。是否太暗淡了？色调太艳？亮度太亮？混合所有图层，然后按需要采用各种调整菜单进行调整。我觉得要降低色度并增加该作品的对比度。我把色度（Saturation）调至−62，对比度调（Contrast）至+63。当结束以后，将该影像平面化并保存该文件。

数码描述：

可以通过观察日常生活中环绕你自己的影子来学会制作逼真的阴影。拍摄物体投射的阴影并注意光源。研究阴影的形状和那些照亮物体的光源质量、方向及其强度。

这里介绍另外一种研究阴影的小窍门。取一只与你作品中要产生阴影物体相类似的微型物体。利用闪光作为你的光源。我已经用儿童游乐室的一张椅子做了试验，用点光在上面投影。我把光线变暗并从椅子上面开启闪光灯，注意阴影的位置、形状和强度。

冬之夜曲

作者：理查德·沙力
(Richard Salley)

理查德创作《冬之夜曲》的用意是给一个人在冬天闷闷不乐的时候有些宽慰和温暖的音乐效果。要制作这棵树的阴影，理查德复制了这棵树并拷贝到新图层，垂直翻页然后采用转换工具来将其伸长。他将阴影的混合模式设定至放大并设定不透明度至35%。采用不同的混合模式和不透明度以完成该影像的制作。

使用软件

Adobe Photoshop CS2。

试试这个技巧

通过复制该物体的图层来制作该物体的阴影，垂直翻动【影像>旋转>垂直翻动（Image>Rotate>Flip Vertical）】并采用重调尺寸功能来将其拉长。

如此居家墙幕

更换照片的某些部位

我必须承认我对飞碟（UFO）有些痴迷，这是我总惦记着的事情。当我还是个小女孩的时候，我感觉到我好像已有近距离遇到过飞碟的经历，但不是像好莱坞电影的那种感觉，因为那绝对不是一次可怕的交流。这个事件给我的印象非常深刻，而我从来也没有忘记那晚的情景。我决定要在我的作品里来探索那孩提时代的记忆。

在以前的作品中，你在制作的背景照片上，混合过各种元素的图层。加上建筑物的图层，你也可以用其他图像来更换这张背景照片的某些部位以创作一幅蒙太奇作品。这里，我采用赖布斯6.1（一种三维造型和动画制作软件程序）制作的一幅照片代替了电视屏幕。你也可以代替在边框里的一幅照片（正如你在第84页《沃特之破碎的心》中所做的），包括用带云朵的天空来代替蓝天或用水或有趣的图案来代替草地等其他想法。但是用于这幅作品，我建议采用带一张电视机图像的照片。

必备要素：

数码材料

环境照片：至少应该包含一块电视机屏幕（你可以在背景照片上加入一个电视图像拼合成所有的图层来制作该照片）

辅助照片：应该放置在环境中

自定义画笔：纹理画笔

主要艺术作品的来源：

用在电视上的景色照片：在本书的CD上

田野里女孩照片：©iStockphoto.com/Xavianau

飞碟照片：©iStockphoto.com/Redemption

技术手段

创建一个新的空白文件（P8）
移动一个文件到另一个文件（P9）
放置图层（P11）
重调尺寸/旋转（P16）
调整色调/色度（P12）
选择一个前景/背景颜色（P10）
调整一个图层的不透明度（P12）
合并图层/拼合一个图像（P11）

使用工具：

缩放工具（P18）
套索工具（P9）
加深工具（P17）
画笔工具（P17）

将环境照片放入透明文件中

打开带电视机的环境照片。同时创建一个新的透明文件，其尺寸与该照片相同。确保将分辨率调整合适。色彩方式(Color Mode)调整为RGB红、绿、蓝且把背景的内容调至透明。移动电视机照片至空白文件内并位置居中。此时你就可以关闭原来的照片，该新文件就作为你的工作文件。

除去电视机屏幕

在电视机上进行放大。采用多边形套索工具（Polygonal Lasso Tool）来选择该屏幕（按你跟踪的屏幕四周以确保四个角是圆弧状，用你的鼠标点击放大倍数）。一旦你已经选定了屏幕，就删除该选择，现在你就可以通过屏幕来看透明背景显示图像。

放置图层来填补屏幕

打开用来填补电视机屏幕的照片并将其移动至工作文件内，放置好该图层，这样新屏幕图层就位于带电视机图层的后面。这个新图层就通过电视机内你已经制成的“孔”显现，重调尺寸与屏幕匹配。按需要，用其他屏幕重复相同的步骤。此处，我采用了相同的环境照片，但是较小的那个屏幕显示只是其一部分细节。

调节色调/色度

创建一个新的色调/色度（Hue / Saturation）调节图层。打开该菜单，按需要调好设定值（主设定和子设定），我设定以一种黄色及蓝/紫对比度，因为我确实被彩色盘那些相对而并列的颜色所吸引。

添加辅助物体

打开你要加入背景的辅助物体照片。用磁性套索工具（Magnetic Lasso Tool）选择该物体。设定羽化半径(Feather Radius)大约为10。将其移到你工作文件，按需要将其进行放置并重调尺寸。

创建阴影

如需要，在此要加入一些辅助效应，例如阴影。这儿我加了由该飞碟降落和起飞所产生的地面亮带。我使用了加深工具在田野中央下方制作了阴影。我在系统默认画笔菜单（Default Brushes Menu）中选择了一支硬圆画笔（Hard Round Brush）；曝光度（Exposure）：31%；画笔尺寸（Brush Size）：371像素。

在新图层上加盖纹理画笔印章

将前景颜色设定为黑色。创建可以用做画笔作业的一个新图层。然后选择画笔工具(Brush Tool)并选择一支纹理画笔(Textured Brush)。此处，我下载了一支自定义画笔，但是你可以选择一支纹理画笔，如在画笔工具栏混合画笔菜单(Assorted Brush Menu)中的纹理3。在整个作品上加盖上该纹理画笔印章。把该画笔图层的不透明度减少至可用肉眼看见获得细微效果的那个点为止。当作品完成时，平面化影像并保存该文件。

数码描述：

我采用了赖布斯6.1（一种三维造型和动画制作软件程序）以在电视屏幕上产生一个影像。采用赖布斯，你可以制作地形、水、天空、云彩、雾、植物和建筑结构。采用黛斯（DAZ）工作室性能插件也可以让你加上野生动物、人、小道具以及更多的东西到你的景象上去。该插件在你从www.daz3d.com/购买赖布斯软件之后可以免费下载。赖布斯文件可用.PCT文件形式保存，这样这些文件就能在图像处理软件里打开。

灵感来源

甜美的萝莉 |

作者：苏珊·麦克弗根

在甜美萝莉后面的灵感室是用年轻人艺术风格进行的一次实验，苏珊在3-D程序卡通人物里采用了火焰飞舞（萤火虫）渲染引擎制作了萝莉。然后她把萝莉引进了图像处理软件，在那儿她用其他元件如纹理和画笔功能制作了一幅神秘的背景。

使用软件

POser7和Adobe Photoshop。

试试这个技巧

试验一个3-D软件程序（你可以在线免费下载一个Poser7的软件试验），在一幅蒙太奇中施展你的能耐，采用阴影和画笔功能来完成这幅蒙太奇作品。

世界之间

添加渐变填充图层提供照明效果

当我在艺术创作时，我从来没有感觉到它来自于我本人，换言之，它通过来自比我自己大的某个地方——这个地方我能感觉到但是无法看见。这样想已经是相当自在了，因为它带走了创作压力并能让我享受有创意之旅的激动。我在创作这件作品时的状态为“世界之间”的真实写照。

你可以采用渐变填充图层，即利用照明方式来创建各种照明效果，可以是诡秘的或者是戏剧性的。对于这幅特别的作品，我用了我亲爱的朋友的一张照片。我从照片中选取了她的身材并将她放在一个新的环境中（该环境的一部分是我在小镇后面的路上拍的一张照片）。我要给她一个热烈优雅的体态，而后通过照明效应产生的效果让我惊诧不已。

用在本作品中的照明效应技术是给蒂凡尼·艾里克拉·X的投资股份。

必备要素：

数码材料

环境照片：包括有天空的户外照片

主题人物照片

背景照片：带淡色云彩（例如在太阳落山时的云彩是粉红色）

辅助照片（任选项）：纹理或背景照片

主要艺术作品的来源

道路照片：在本书CD中

带太阳光线水的照片：©iStockphoto.com/rusty-cloud

技术手段

复制一个文件（P15）

背景转化为图层0（P10）

移动一个文件到另一个文件（P9）

重调尺寸/旋转（P16）

调整一个图层的混合模式（P12）

调整亮度/对比度（P11）

羽化（P16）

加上渐变填充图层（P15）

合并图层/拼合一个图像（P11）

使用工具：

套索工具（P9）

缩放工具（P18）

魔棒工具（P9）

擦除工具（P18）

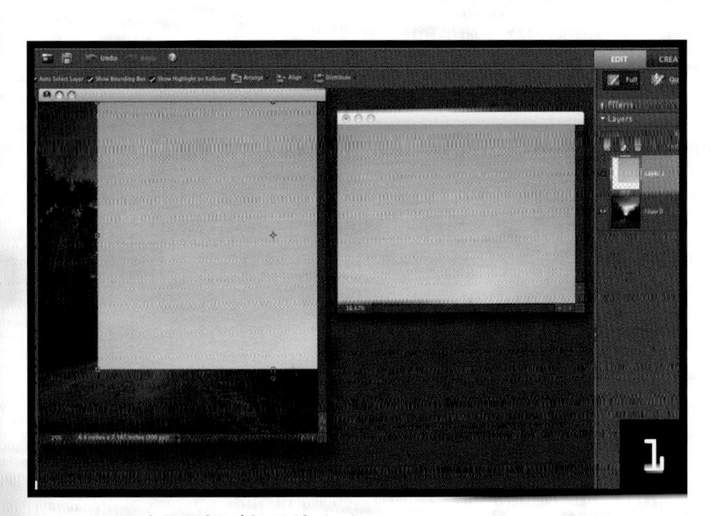

将云彩照片加到环境照片上去

打开环境照片并将其复制，这就成为你的工作文件。将背景图层（Background Layer）改变为图层0（Layer 0）。打开淡色云彩的背景照片并将其拖移至该工作文件中。

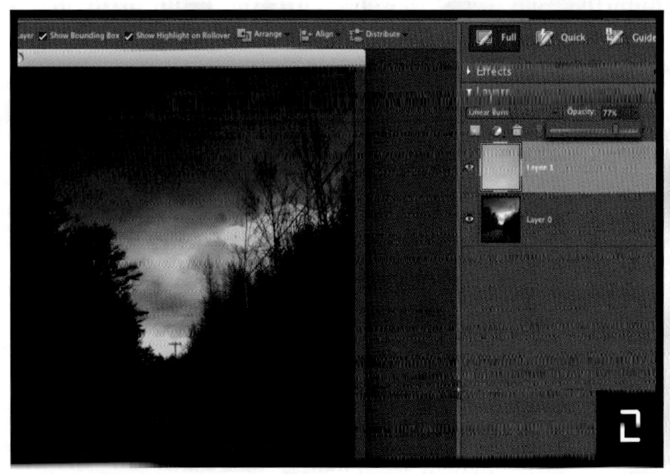

调节云彩图层的混合模式和不透明度

重调云彩图层的尺寸以适合背景照片［图层0（Layer 0）］。将新图层［图层1（Layer 1）］的混合模式设定至线性变暗（Linear Burn），并将其不透明度调至77%。如需要，可将图面稍稍变暗（并增加对比度）来模拟晚上的时光。

选择并加上主题人物

打开你的主题人物照片并用磁性套索工具（Magnetic Lasso Tool）选择该主题人物。用半径在30至60之间羽化该选择的边缘。移动该主题人物至工作文件。按需要把该图层放置好并重调尺寸。

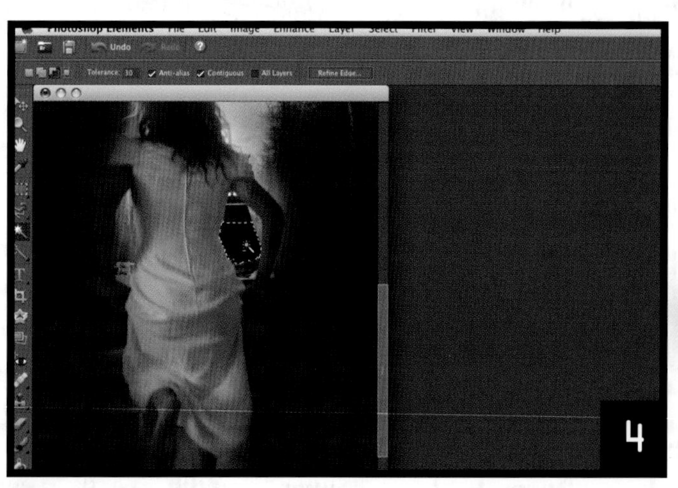

除去不需要的部位

应除去主题人物手臂和身体之间那些不需要的部位。你可以采用魔棒（Magic Wand Tool）或套索工具（Lasso Tool）来选择该部位并将它们删除，或你也能用擦除工具取消该部位。按下上档键shift移动同时来选择一个以上的部位。放大功能可以获得更精细的作品。

用渐变填充图层加上照明效果

现在你可以给主题人物照明效果。选择带主题人物的该图层。用半径在30–60之间羽化该选择的边缘。然后加上一个渐变填充图层[(Gradient Fill Layer),用系统预置设定]来产生该照片效果。在图层面板里，设定该填充图层的混合模式调至强光（Hard Light）并设定不透明度（Opacity）至53%。

混合辅助照片

在本步骤中，如需要你可以加入如背景照片或纹理照片这些辅助照片。要给主题人物强光，我加入了一张在阳光照耀下的水的照片。我设定了混合模式至强光。然后我删除了最新图层下半部分某些部位，展示下面较亮的图层。当你完成该作品时，将该影像平面化并保存该文件。

恬静的美人鱼 | 作者：蒂凡尼·艾里克拉·X

蒂凡尼将插图画家的美人鱼和海马拼合制作了这幅数码插图，然后她将它们放进了图像处理软件，并在其中给整个作品和该作品的某些断面应用了渐变填充图层。

使用软件

Adobe Photoshop CS4，Adobe Illustrator CS4。

试试这个技巧

要采用图像处理软件制作一幅拼贴图或融合一幅插画的蒙太奇作品，应在该作品的局部部位采用一个渐变填充图层。

冬季

采用舞台照片

正如你目前所知，一幅蒙太奇作品的关键就是用一些拼贴在一起的影像来构成一幅令人信服的作品。要保证一张满足你需求的主题人物照片最容易的方法就是你自己拍摄照片。此外，也可以是对于你意义深远的一张私人照片。在她的《影像的改变》书里，卡伦·米歇尔（Karen Michel）谈到了在作品里使用我们自己影像图片的动力。她说：“每张照片都代表我们人生历程的一部分；放置我们过去的事情或我们已经认识的人及在我们生活中那些特殊的人，而不能采用一个陌生人的图片……我们可以选择一个朋友或家庭成员的照片，并且把记忆与我们的艺术拼合起来。”

我完全同意这种说法，这张特殊的作品就是用了我与一位亲爱的朋友策划的照片。当我用我朋友的照片制作时，我惊讶地发现自己对该作品有了千头万绪的情感依恋。我把我对朋友的爱通过我的艺术处理织出了作品的风格，它影响到每一步的艺术选择并用真实性和深深的个人感情注入了每种技巧和元素。迄今为止，我从来也没有创作出这么一幅喜爱的作品。

你所需要的：

数码材料

主题人物照片：这应该是按在第一步中说明的提供

环境照片：两张有关自然的照片，例如被大雪覆盖的树林及冰冻的地面

辅助照片：要加至主题人物照片上去，如翅膀

纹理照片：色彩淡的一张，一张自然纹理及一张辅助照片

主要艺术作品的来源

- 树林场景的照片：在本书CD片内
- 树的照片：在本书CD片内

鸽子的照片：©iStockphoto.com/xyno

翅膀的照片：©iStockphoto.com/Grafissimo

混凝土纹理：www.textureking.com

技术手段

创建一个新的空白文件（P8）

移动一个文件到另外一个文件（P9）

重调尺寸/旋转（P16）

调整一个图层的混合模式（P12）

放置图层（P10）

调整一个图层的不透明度（P12）

羽化（P16）

使用工具：

擦除工具（P18）

缩放工具（P18）

魔棒工具（P9）

套索工具（P9）

画笔工具（P17）

1

展示主题人物照片

在你开始之前，拍摄你展示的主题照片。考虑到你的主题人物在你的作品内正在干什么，并将你的模特儿的姿势摆好。至于我的作品，我要该主题人物手里拿着一只鸽子，所以我就用我朋友那张不带手的照片。因为你选择的仅仅是主题人物，所以在你展示的照片中的背景就变得无关紧要。

2

将环境照片加至透明工作文件上

创建一个精度为300dpi，尺寸约为20cm×25cm，将色彩方式（Color Mode）设定至真色彩模式（RGB color），并将背景内容（Background Contents）设定至透明（Transparent）。这就形成了你的工作文件。打开一张自然的背景照片（此处作品的主题是冬天，所以我选择了冬天的照片），将该照片移动至你的工作文件中，按需要重调尺寸以与该文件匹配。

添加第二张环境照片并调整图层

打开第二张环境照片，将其移至你的工作文件并调整至合适尺寸。将该新图层［图层3（Layer 3）］的混合模式调至变暗（Darken）。

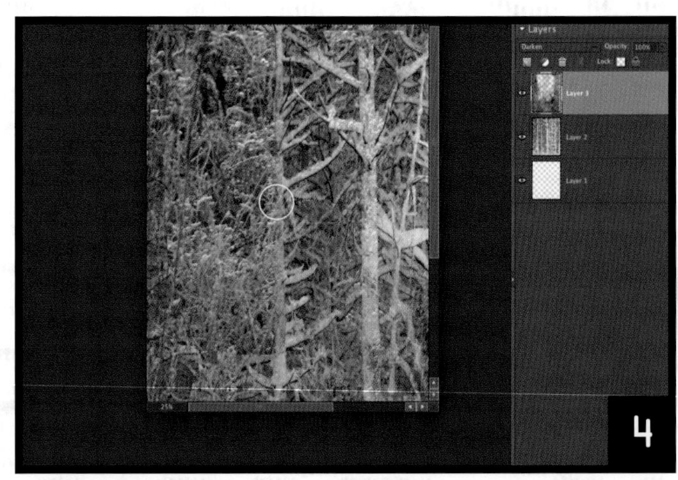

清除顶部环境图层

放大工作文件的中间部位，并用擦除工具（Eraser Tool）擦掉顶部环境图层的某些部位以揭示该图层下面更多的画面。将擦除器的不透明度调整（Opacity）至约45%。

选择并添加主题人物

打开该展示的主题人物照片并采用磁性套索工具（Magnetic Lasso Tool）选择该主题人物，采用设置半径为10来羽化这些边缘。移动所选择部位进入工作文件并按需要重调该图层的尺寸。

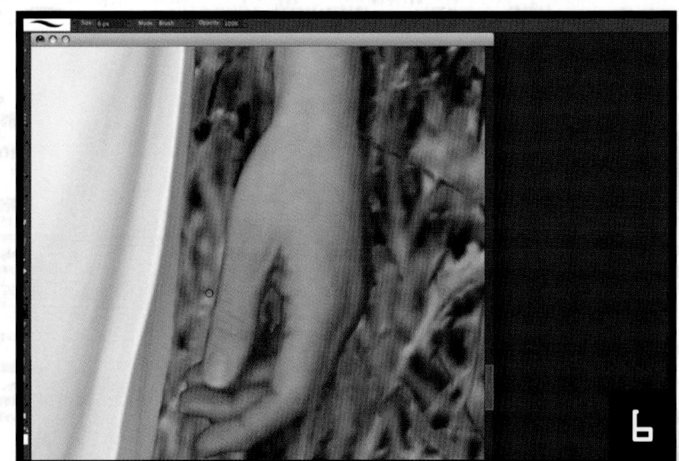

清理主题人物图层的边缘

沿该选择的边缘除去所有不需要的部位。你可以用魔棒（Magic Wand Tool）或套索工具（Lasso Tool）选择这些部位并删除掉，或者你也可以用擦除工具来清除这些部位。在该图层上放大可获得最精细的作品。

对所展示的主题人物进行调整

按需要对主题人物进行调整。此处，我采用了画笔工具（Brush Tool）将该女子的头发变成了红色。我也把前景颜色调至红色并在画笔工具栏中的默认画笔菜单(Default Brushes Menu)中选择了一支软圆画笔（Soft Round Brush）。同时我将该画笔的不透明度（Opacity）调至59%。

给主题人物加上第一个元素

现在你就可以给你展示的主题人物加入一些元素。我加上了翅膀和一只鸽子。要加上第一只翅膀，我打开一只在白背景上的一张翅膀照片。采用魔棒工具(Magic Wand Tool)，我选择了白背景并将所选文件进行转化［选择>转换（Select>Invert）］。我将其移动至工作文件并放置在女子身边，重调尺寸并旋转，通过放置图层我将翅膀移至该女子的后面。

继续添加一些元素

要加上另外一只翅膀，我仍然回到了翅膀的影像图片并通过进入影像>旋转>水平翻转（Image>Rotate>Flip Horizontal）来翻转该影像。一旦出现在工作文件中，我就调整两只翅膀的位置、尺寸并进行旋转。这样一对翅膀就栩栩如生了。

添加不带单色背景元素

如果某一个元素没有单色背景，则应用磁性套索工具（Magnetic Lasso Tool）在该照片内选择，并用半径为10来羽化所有边缘。移动该选择进入工作文件，按需要重调位置和尺寸。采用磁性套索工具(Magic Wand Tool)或擦除工具（Eraser Tool）来清理所选择图像的边缘。

添加淡色彩的纹理图层

打开淡色纹理照片。移动该影像至工作文件并重调合适尺寸，确保新图层在前面。将该图层的混合模式调整至彩色变淡（Color Dodge）并将不透明度（Opacity）调至58%。

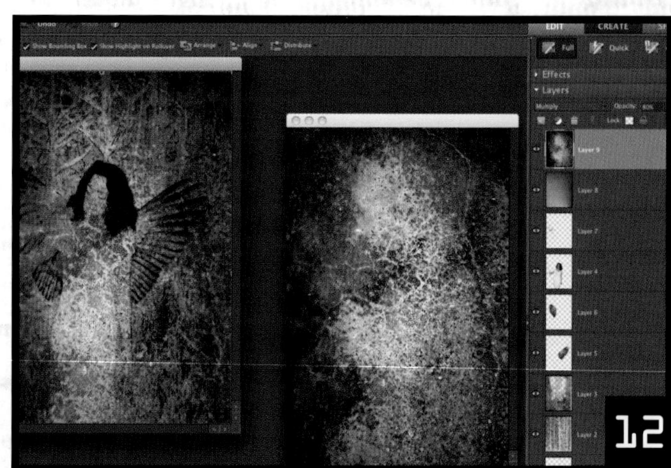

添加自然纹理图层

打开自然纹理照片并将其移动至工作文件中。按需要重调适合于工作文件的尺寸，并确保该图层在前面。将混合模式调至放大(Multiply)，设定不透明度（Opacity）至80%。选择擦除工具（Eraser Tool）并设定至软圆画笔（Soft Round Brush），画笔尺寸约定在90像素，不透明度约定在20%。然后擦除遮盖在主题人物上面的自然纹理图层的某些部位。

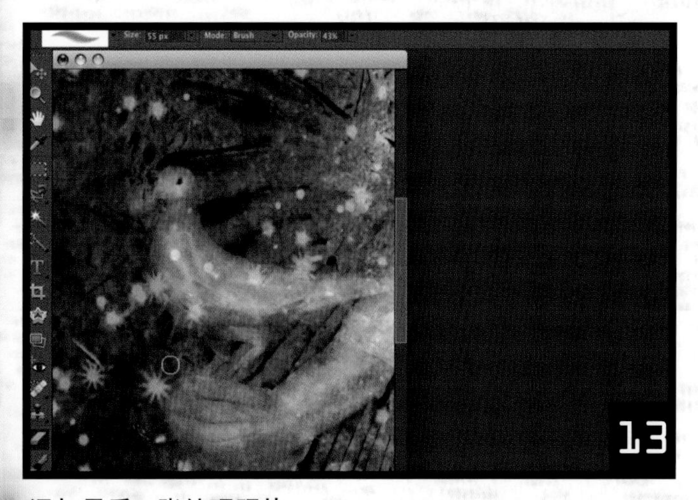

添加最后一张纹理照片

打开剩下的纹理照片并将其移到工作文件内。此处，我加上了一幅带闪光的照片，按需要调整该图层的尺寸。将混合模式设定为变亮（Lighten）并将不透明度（Opacity）设定为约50%。按需要擦除纹理照片的某些部位。我将擦除工具设定为软圆画笔，所用画笔大小约为55像素而不透明度约为55%。当该作品完成时，将影像平面化并保存该文件。

数码描述：

由于该作品对于我来说是相当私密的，所以我用自己的照片来制作蒙太奇拼贴画。除了鸽子和翅膀之外，所有的影像图片都是我自己的。哎，我是多么不顾一切地要用一只鸟的翅膀在我自己的照片里呀。但鸟的翅膀来之不易，我想我几乎丧失了找到一只鸟的翅膀的欲望！感谢iStockphoto的好意。

你可以在这本书里发现很多题材包括照片来自www.istockphoto.com，该处有大量珍藏的皇家自由影像图片。这些照片不免费，但也不是很贵，尤其如果你只需要一幅加上纹理的背景，该纹理图片可以用低分辨率的，低分辨率的照片只需1美元。除了iStockphoto，还要查找一下其他图片库网址：www.morguefile.com

www.imagecatalog.com

一系列的小烦恼

作者：迈克尔·罗宾逊
(Mikel Robinson)

《一系列的小烦恼》这幅作品，顾名思义，就是诉说我们如何轻易为日常生活琐事伤透脑筋从而付出了巨大的代价。策划的主题人物照片不仅仅是用来制作伟大的蒙太奇作品的私人照片。扫描作品也能提供精彩绝伦的影像图片。迈克尔采用了各种扫描元素来制作这幅作品。其中扫描的物品包括某个男人的一块老式玻璃板负面、一只19世纪蛋雕艺术品和一只怀表表面，同时还有一只怀表、一只乌鸦、一棵树和靠近迈克尔居住地被破坏的房子。

使用软件

Adobe Photoshop CS2。

试试这个技巧

将书的页面、陈旧的书信、发现的物品、树叶等进行扫描，并将它们拼合成一幅数码蒙太奇作品。

5

艺术的变更

将传统美术融入数码作品

几年前我制作过一幅拼贴画——一个老妇人，她戴着头巾，穿着粉色中圆点花纹的牛仔裤，裹着帆布衣，含着胸，画面上凸显了她内心的满足感，我想将来有一天那就是我，对于艺术依然好奇、天真及有激情。这就是我喜欢这幅拼贴画的原因（你可以在第123页上的第一步中看见这幅画）。然而，确实产生了一个问题，那就是在画中某些设计元素的活力荡然无存，我感到困惑的是如何在不破坏我喜欢的某些元素的情况下重新制作该作品，所以我仍然将这幅拼贴画放在我工作室的架子上。那儿每天都吸引着我的眼球，我依然渴望那“得意”的时刻。同时有一天，我漫步经过也让我开始明白我该干点什么了。

用图像处理软件中的工具，我能改制这幅拼贴画，我可以取出我不喜欢的元素并强化我欣赏的部分，我学到的是要继续关注我对你说的那些还有欠缺的作品。你能够改变它们，不要在刚刚改制一件艺术作品时就停止不前，用你的作品在蒙太奇艺术中作为背景，并且在某一幅拼贴画中融合许多艺术风格。可以拆开某一个作品也可以在全新的层面上重组，这样你确实可以用很多手段来变更你的艺术作品，即采用这新发现的数码乐趣来拼合你对传统美术的初恋。

好奇心

强化原始美术

正如我前面所述，我几年前制作了这幅拼贴画，我喜欢它就是因为它象征着那个时代。我想在我的晚年成为一个有活力、有能力同时又有好奇心的人，我赞同“活到老，学到老”的这个说法，并且希望坚持终身学习。

然而，那幅拼贴画作品却使我变得有点胆怯。比如在背景里那大大的矩形黄色样板——那是何物？还有那些轮廓鲜明环绕她身段的白色笔画？我那时在思考些什么？有时当这些反映在作品中的时候，我们所有人都会有这种感觉。关于图像处理软件最酷的地方，就是你可以在计算机里扫描这些真实的艺术作品并用程序来做改变，从而让它们恰到好处。可以肯定当我懂得越来越多的时候，我会在今后几年里再对这件物品进行调整。妙处就在于你可以愉快地做到它，却又不破坏所要完整保留作品的主要元素。

必备要素：

数码材料

原始作品的扫描

纹理照片（至少两张）

主要艺术作品的来源

多彩纹理照片：

WHEREISWHERE

(www.flickr.com/groups/textures4layers)

黄色纹理照片：

Eddi 07(www.flickr.com/groups/textures4layers)

技术手段

调整色调/色度（P12）

移动一个文件到另外一个文件（P9）

重调尺寸/旋转（P16）

调整一个图层的不透明度（P12）

调整一个图层的混合模式（P12）

合并图层/拼合一个图像（P11）

调整色彩曲线（P11）

使用工具：

套索工具（P9）

橡皮擦工具（P18）

裁切工具（P17）

仿制图章工具（P17）

扫描美术作品并打开文件

对你的原始美术作品扫描并打开文件，作为你的工作文件。

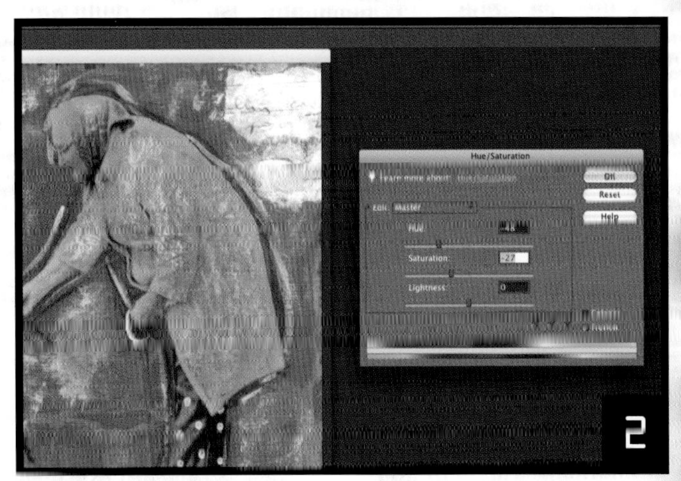

调整颜色

调节该作品的色调/色度（Hue / Saturation），我改变了整个作品的颜色，将色调（Hue）调整至－48，将色度（Saturation）调整至－27。如果你喜欢，也可以仅仅对某一部位改变颜色，要这样做，首先应用套索工具（Lasso Tool）选择该部位，然后进入色调/色度菜单。你还可以在菜单里更改编辑以改变色调选择。

将纹理图层加至遮盖区域

要掩盖你作品某些不满意的部位，应加上一个纹理图层。打开纹理照片并将其移至你的工作文件。按需要重调尺寸。用擦除工具（Eraser Tool）擦掉覆盖在你要保留部位的纹理图层的部分。我在作品的主题人物上擦除。调节该图层的不透明度。按需要，我设定我自己的不透明度(Opacity)至68%，也对该影像稍稍裁切了一下。

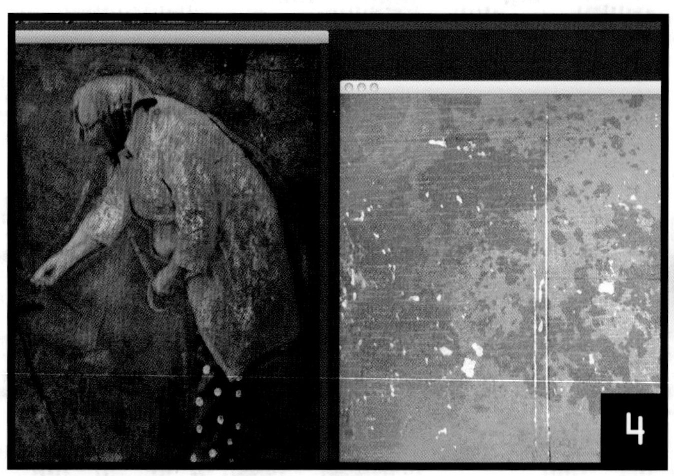

添加更多的纹理

继续加上纹理图层以产生厚度和深度。我移动了一个淡黄色纹理进入我的工作文件。我将混合模式设定为彩色变暗（Color Burn）并将不透明度设定至57%，这就产生了一种温暖奔放的感觉。然后加入了一种淡蓝纹理图层。我设定该混合模式至覆盖(Overlay)并将不透明度调至12%。

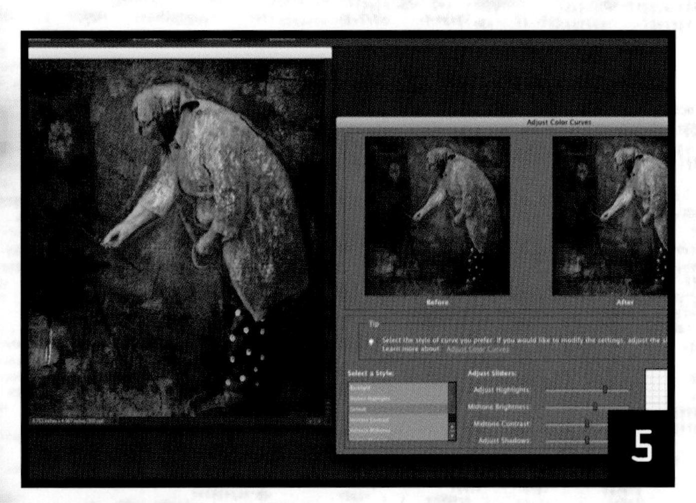

拼合图层并调整照明

拼合这些图层。要调节你作品的照明，应打开该调节色彩曲线菜单（Color Curves Menu）。我选择了默认(Default)并增加了强光（Highlights）和亮度（Brightness）。

进行最终调整

进行任何最终调整，如除去不需要的标记（好比说我在主题人物周围除去的白线）。要除去标记，采用仿制图章工具（Clone Stamp Tool）来代替背景某些部位的标记。当你完成后，保存该文件。

艾米丽·迪金森

作者：佩内洛普·杜拉汉（Penelope Dullaghan）

佩内洛普采用丙烯酸颜料在纸上创作了传统油画的作品，然后她将该作品扫描进入图像处理软件，调整颜色并加入了如红草地这样的元素。在图像处理软件中，可以采用色彩曲线和色调/色度控制来纠正颜色。

使用软件

Adobe Photoshop CS3。

试试这个技巧

只采用调节菜单【加，亮度/对比度（Brightness/Contrast），色调/色度（Hue/Saturation）】来提高照片质量。

西莉亚

用美术画作为背景

我决不会忘记《紫色》这部电影，它会让我希望永远停留在那个瞬间。西莉亚从她姐姐那儿回来时悲痛欲绝的情景，是因为她姐姐被卖给了一个陌生男人当妻子。西莉亚给我的印象非常深刻，这幅作品就是我对她由衷的赞颂。

我有一股创作油画背景的激情和冲动，我最初开始采用多媒体艺术制作的大多数作品是艺术商业卡片。我在制作的背景上加上了我的设计元素，在创作的作品中我最喜欢的ATC作品是由油画图层、纸、墨水、草图及更多的颜料制成的这些背景。这些日子尽管我将最初的注意力集中在数码艺术及摄影上，但我实际上却完全陶醉于利用数码功能制作油画背景，正如在本作品中我所施展的技能。

必备要素：

数码材料

原始艺术品的扫描：背景环境
环境照片：与原始艺术品匹配部分
主题人物照片
辅助照片：例如一只蝴蝶
纹理照片：暗淡感觉的
自定义画笔

主要艺术作品的来源

女孩影像：Stampington及公司的剪报艺术收集的CD
花田照片：somadjinn(www.morguefile.com)
灰暗的纹理：©iStockphoto.com/daverau
蝴蝶照片：©iStockphoto.com/ranzino
闪烁的画笔：www.obsidiandawn.com

技术手段

移动一个文件到另一个文件（P9）
调整一个图层的混合模式（P12）
调节色调/色度（P12）
重调尺寸/旋转（P16）
放置图层（P11）
调整一个图层的不透明度（P12）
复制一个图层（P10）
合并图层/拼合一个图像（P11）

使用工具：

擦除工具（P18）
套索工具（P9）
缩放工具（P18）
魔棒工具（P9）
画笔/铅笔工具（P17）

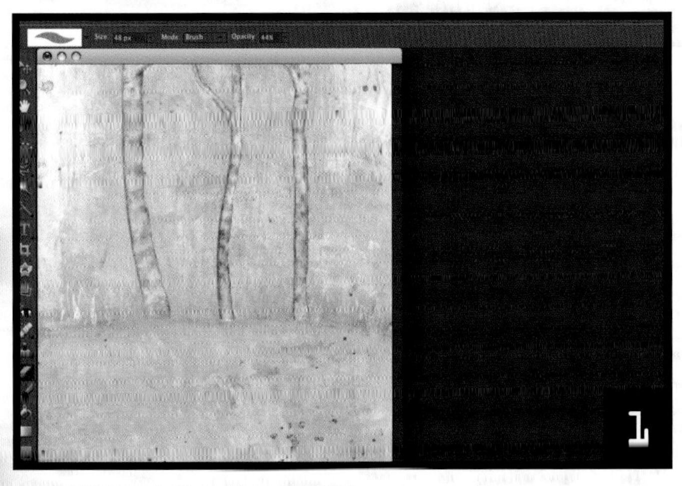

打开原始美术作品的扫描图

打开原始美术作品扫描图的文件，这就是你的工作文件。我在我的工作室里创作了一幅油画背景作品以用于加入一幅数码主题人物照片。

加入环境照片

打开环境照片并将其移动至你的工作文件。按需要将图层定位。我给我的作品加上了一幅花田的照片并将其放置以覆盖该背景所画的草地。

3

调节图层以适合背景

将新图层的混合模式调整至柔光(Soft Light)。在色调/色度(Hue / Saturation)菜单中调整颜色以便与插图环境相拼合。

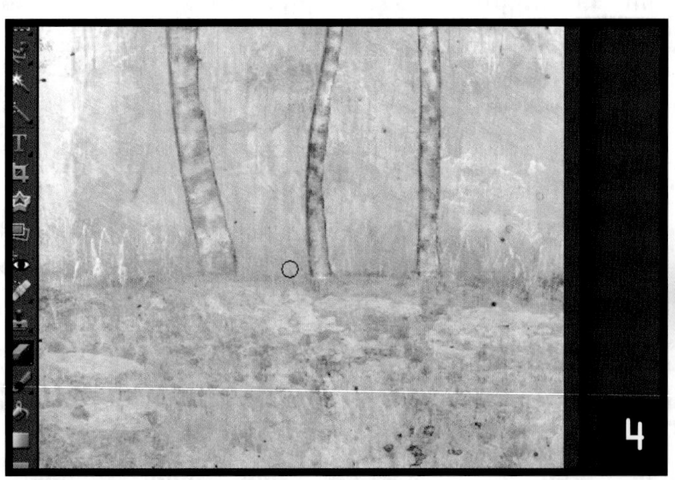

4

柔化边缘以便过渡平滑

柔化最新图层的边缘以便过渡平滑。采用擦除工具（Eraser Tool）将不透明度调至约45%并在边缘上擦除。

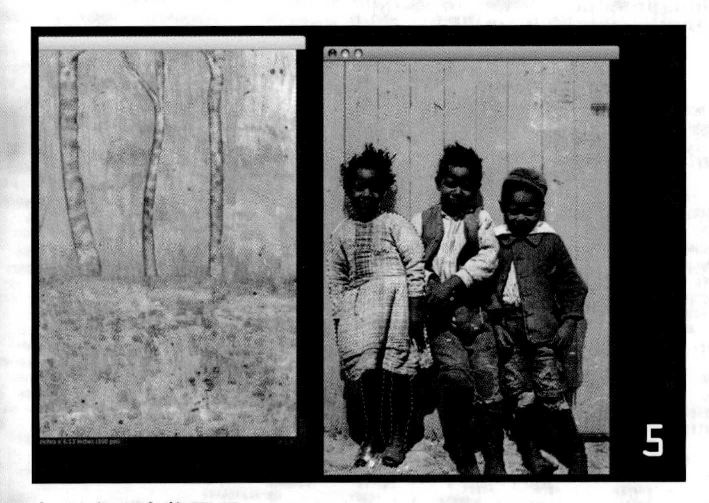

5

加入主题人物图层

打开该主题人物照片并采用磁性套索工具（Magnetic Lasso Tool）选择。移动所选部位至工作文件，并按需要重调图层尺寸。放置好所有的图层，这样主题人物图层就在环境照片之后。从而可以让你的主题人物仿佛站在外景地中间出现在你的眼前（此处是在花丛中）。

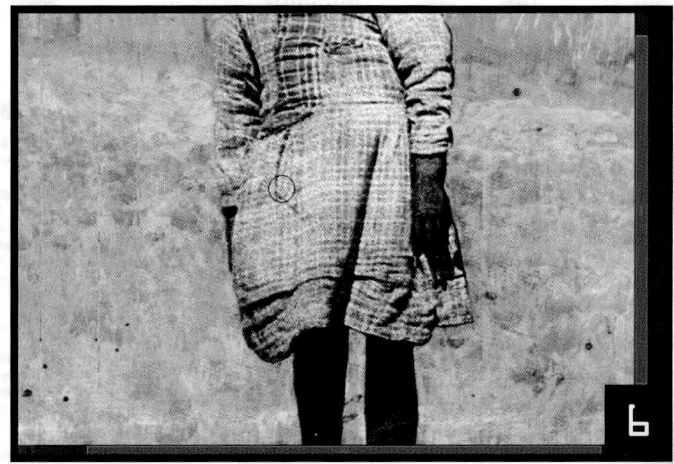

6

擦除不需要的部位

对主题人物放大并采用擦除工具（Eraser Tool）或魔棒工具（Magic Wand Tool）来除去边缘周围不需要的像素。按需要调整尺寸及工具的不透明度。然后选择环境图层。将擦除工具设定至不透明度80%，将图层中所有覆盖在主题人物膝盖以上的东西全部擦除。此处，我擦除了遮盖在孩子衣服和双手上的花及田野。

给主题人物加上点滴阴影

选择带主题人物的图层。进入效果面板（Effects Palette）并选择图层形式插图（Layer Styles Icon）。从下拉菜单中选择点滴阴影（Drop Shadows），并选择软边缘阴影［（Soft Edge Shadow），然后点击应用］。你就可以通过点击在图层面板中的那个图层上的插画"fx"按需要调节该阴影。

加入辅助照片图层

打开该辅助照片。选择该主题人物并移入工作文件。按需要调整尺寸、位置和边缘。我在作品里加入了一只蝴蝶，将其旋转并调小至与边上的主题人物相匹配。

调节新图层的颜色以保证协调

调节辅助照片图层的色调/色度（Hue / Saturation）以与背景相协调。我设定色调（Hue）至−119，色度（Saturation）至−2及亮度（Lightness）至+54。

数码描述：

观察力敏锐的读者会注意到在第8步图上的蝴蝶有点眼熟，不错，那确实跟我在《追逐》（见第96页）中使用的是同一只蝴蝶，但你应该注意到按第9步对蝴蝶进行色调/色度调整后，这只蝴蝶看上去就大不相同了。

不要认为你创作每幅作品就一定要出去买新照片、画笔及纹理材料，数码软件的最关键所在就是你可以重复使用这些素材，想用多少次就用多少次。同时采用图像处理软件中的各种工具，你可以将某影像转化后与多图层相匹配。尝试更换数码手工剪贴簿页面的色彩并观察色彩变化过程，再增加某 纹理的对比度，你不妨试试，玩 玩，爪 爪。

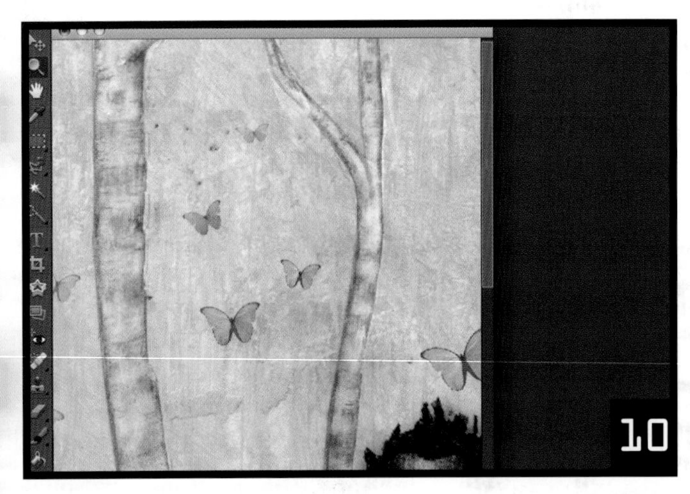

复制辅助照片图层

复制辅助照片的图层。按需要移动，重调尺寸并旋转该文件。重复这个步骤将多重物体加到背景上。为了使景深更大一些，可调整某些图层的色调/色度（Hue / Saturation）。

加入老式的纹理图层

打开老式的纹理照片并将其移动至工作文件。按需要重调尺寸以适合该文件。将该图层的混合模式设定至放大(Multiply)且将其不透明度（Opacity）设定至36%。

用画笔功能加上最后几笔

用画笔功能（Brushwork）加上最后几笔。我在蝴蝶的下面用旋涡状的发光画笔描绘出了它精妙的飞行轨迹。在一个新图层上加上画笔功能并按需要调整该新图层的不透明度。当你完成制作时，应将影像平面化并保存该文件。

面具|

作者：伊莎贝拉·皮尔斯
(Izabella Pierce)

"清晨三点了，"伊莎贝拉说，"我从一个恶梦中醒来去图书馆朗读了诗歌。我打开威廉·巴特勒·叶芝的《面具》这本书，正是在读过这首诗之后，大大激发了我的创作灵感。"

正如她在本作品中所表现出来的，伊莎贝拉热衷于用那些格调不雅的图层去制作一种压抑阴沉的作品。如你在主题第3步中所见，柔光混合模式对混合图层的效果绝佳，在本作品中，伊莎贝拉采用了柔光混合模式（在其他方式中），同时将这些图层的不透明度调低至85%。

使用软件

Adobe Photoshop CS2。
其他元件：
Enchanted Merchantile CD。

试试这个技巧

一幅插图背景至少应用5个其他图层混合而成。对所有图层采用带不同不透明度的柔光混合模式。

节奏

拆分及重组美术作品

你曾经制作过一幅你最自鸣得意但其整体结构却有偏差的美术作品吗？我们都会点头肯定，这些“缺陷”作品中有一幅摆在我画室里已经几个月了，我把它拾了起来仔细地注视着，同时准备在上面涂上一层厚厚的颜料。由于某些原因，我又把这件事耽搁下来，直至某一天我想起了萨拉·费西勃（Sarah Fishburn）的一个主意，即拿到一张拼贴画，用数码功能将其撕开并用一种新的方式将其拼合起来。这种技术能帮助你取出那些已有偏差的部分并赋予它们平衡感和新的生命力。正如用本功能我也能对本节我所不满意的作品进行处理一样。

必备要素：

数码材料

原始艺术作品的扫描

纹理照片：淡色的类似于原始艺术作品的色调

主要艺术作品的来源

蓝纹理照片：

a traversles bumes(www.flickr.com/groups/texture-s4layers)

技术手段

创建一个新的空白文件（P8）

移动一个文件到另外一个文件（P9）

重调尺寸/旋转（P16）

调整一个图层的不透明度（P12）

合并图层/拼合一个图像（P11）

羽化（P16）

调整一个图层的混合模式（P12）

使用工具：

套索工具 （P9）

选框工具 （P18）

擦除工具 （P18）

裁切工具 （P17）

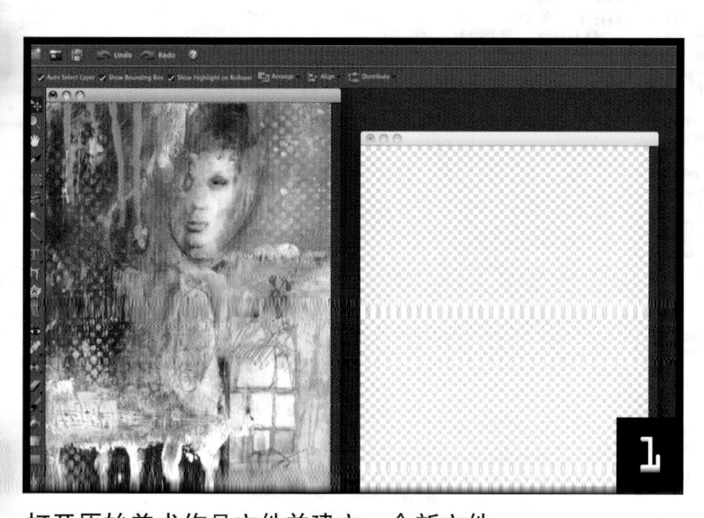

打开原始美术作品文件并建立一个新文件

打开带有你美术作品扫描的这个文件，然后创建一个新空白文件。应让你的新文件尺寸与原始作品文件相同。将新文件的色彩方式（Color Mode）设定至RGB颜色并设定背景的内容(Background Contents)至透明(Transparent)。这就是你的工作文件。

将原始作品的一部分移动至工作文件

现在你就可以将原始作品文件的部分加入该透明文件。进入该原始作品文件并采用套索工具（Lasso Tool）或选框工具（Marquee Tool）选择该作品的某一部分。移动该选择至工作文件。

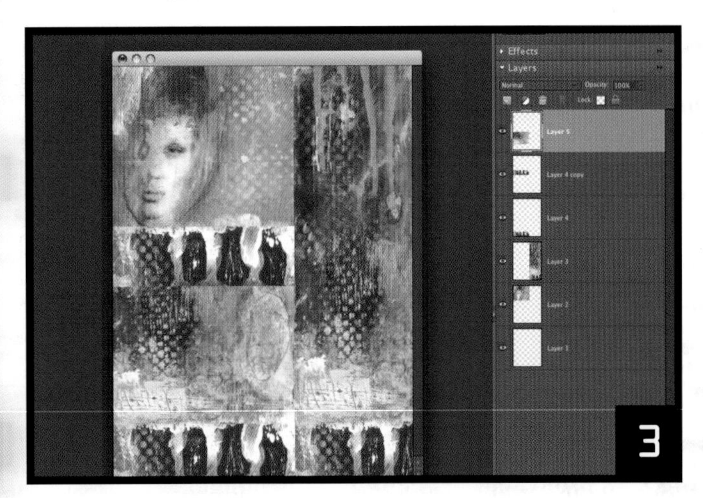

继续加入原始作品的一些部位

回到原始作品文件并移动另外一个选择至工作文件。重复加入辅助部分至工作文件。用重调尺寸/旋转（Resizing / Rotating）选择进行试验。当完成时，拼合所有图层。

复制新拼贴图的部分

选择工作文件一个部位来复制。我决定要使头部的焦距大一些。用套索工具(Lasso Tool)选择该部位并用半径10像素羽化该选择的边缘。通过进入编辑>复制（Edit>Copy）来复制该选择，然后进入编辑>粘贴（Edit>Paste）。移动新图层并按需要重调尺寸/旋转（Resize / Rotate）。

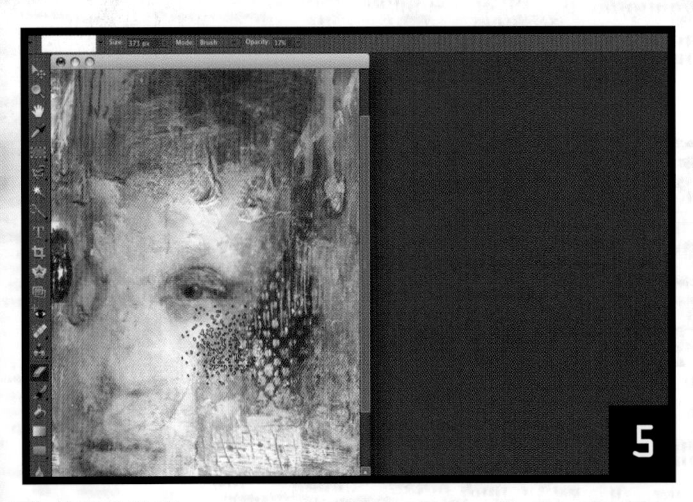

合并羽化边缘

用擦除工具（Eraser Tool）柔化复制图层的边缘将其与作品的其他部位混合。设定擦除工具至软圆画笔（Soft Round Brush）并减少不透明度（Opacity）。除去该图层的边缘。要给该选择一个粗糙外观，更换擦除工具并再次清除边缘。这次，应选择干画笔中的笔尖光流画笔[（Dry Brush Tip Light Flow Brush），从默认画笔下拉菜单中选]。将画笔调至最大尺寸并降低不透明度（小于20%）。

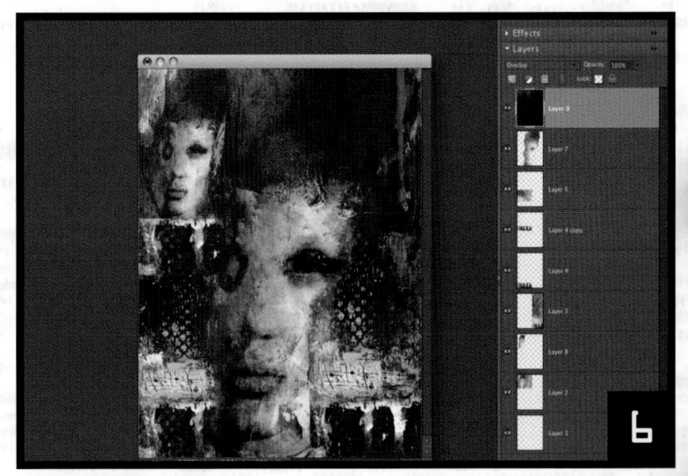

添加淡色的纹理照片

打开淡色纹理照片（我采用了一张深蓝色的照片）并移动至你的工作文件。按需要重调该图层的尺寸以适合该文件。然后，设定该图层的混合模式至覆盖（Overlay）。

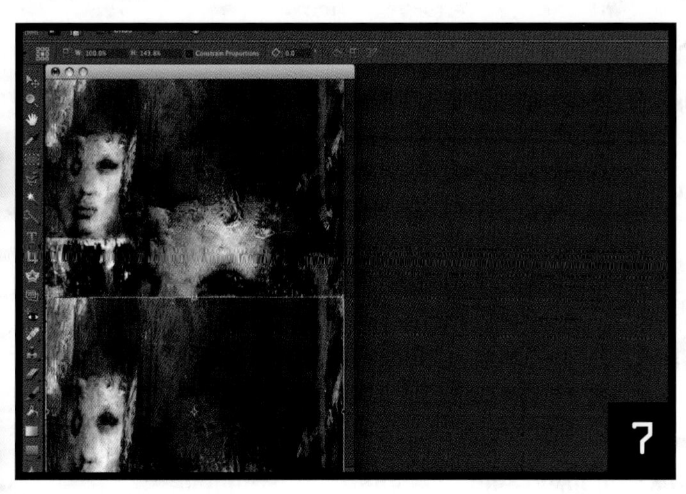

复制上半部图面

拼合所有图层，采用矩形选框工具（Rectangular Marquee Tool），选择你画面的上半部。按你在第4步的方法将它复制并粘贴。然后向下移动该复制部分，完全覆盖下半部分。

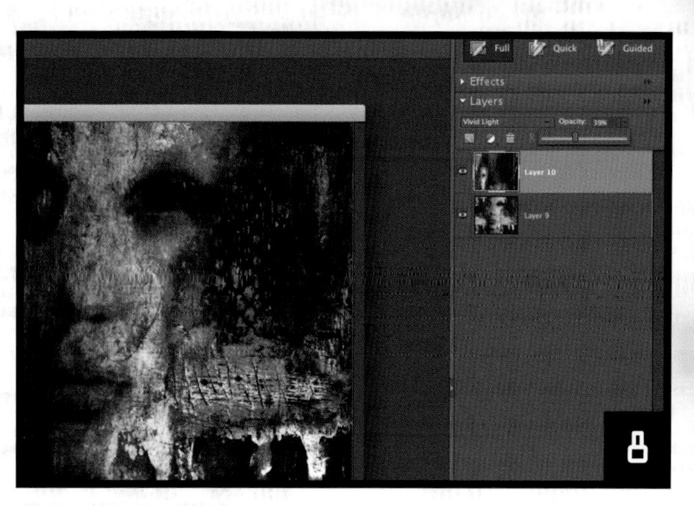

裁切文件并调整新图层

裁切该作品以去除上半部分。然后就将该最新图层的混合模式设定至亮光模式（Vivid Light），设定不透明度（Opacity）至39%。你只要改变色调值就可以揭示底下的图层。平面化并保存该文件。

回顾 | 作者：萨拉·费西勃

萨拉采用Adobe图像处理软件将她的油画拼贴图扫描拆开。她说合理运用简单的图像处理软件效应可以产生许多视觉上的冲击，她调整颜色并加强亮度/对比度。同时她又用套索工具有选择性地剪切或重新定位该部分图层，然后她重调尺寸并旋转，并创造了一个数码马赛克。

使用软件

Adobe Photoshop CS3。

试试这个技巧

抱有拆开拼贴图的目的创建一个拼贴画。不要认为你在工作——你恰恰是在创造！然后就能看见你能采用该拼贴画在图像处理软件中重新制作的作品。

灵感来源

祈祷的力量

混合多元美术作品

我身边有如此多的人面临着艰难生活的挑战，其中许多人身患重病，就是在那个时候我创作了这幅作品，我自己仿佛向上天发出了很多祈祷：给我们坚强，给我们健康，再给我们希望吧。这幅作品恰恰就是那时候我内心的真实写照。

我在本作品中组合了多幅美术作品中的主要设计元素，一幅油画背景、一部分拼贴画（一位妇女的脸部特写）及数码转化的老式照片。走你自己的艺术之路，去发现吸引你的要素，将它们扫描到你的电脑中并按照传统的思路去发现创造性的方法，巧妙地把这些元素融合到你粘贴的作品中去。

技术由皮拉尔•伊莎贝尔•波洛克（Pilar Isabel Pollock）提供

必备要素：

数码材料

原始作品的扫描件：背景及其纹理

自定义画笔（任选）：仿旧画笔

背景照片：涂鸦的墙壁

辅助照片：某一个主题物的字体

主要艺术作品的来源

涂鸦照片：www.morguefile.com

字体：1942年报告字体（www.dafont.com）

技术手段

将背景转化为图层0 (P10)

应用转化滤镜 (P14)

创建一个新图层 (P10)

加载一个自定义画笔（任选）(P16)

调整一个图层的混合模式 (P12)

调整一个图层的不透明度 (P12)

移动一个文件到另外一个文件/移动一个图层 (P9)

重调尺寸/旋转 (P16)

合并图层/拼合一个图像 (P11)

羽化 (P16)

使用工具：

吸管取色器工具 (P18)

画笔/铅笔工具 (P17)

魔棒工具 (P9)

套索工具 (P9)

文字工具 (P18)

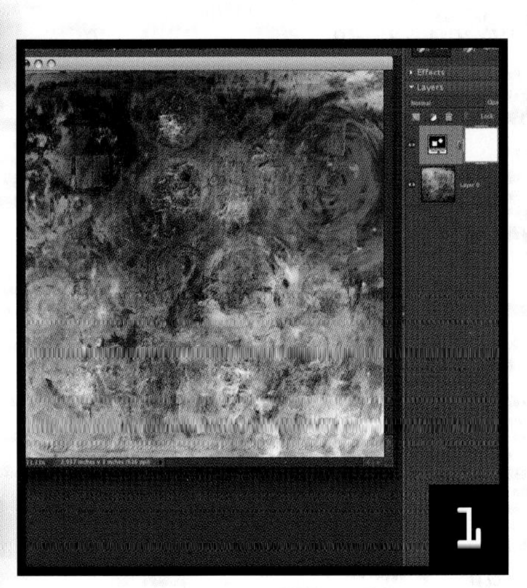

1

应用转化滤镜

打开带原始背景的文件，这就是你的工作文件。将背景图层(Background Layer)转变为图层0（Layer 0），然后在新调整的图层上应用转化滤镜（Invert Filter）。

2

加盖仿旧画笔印章功能

创建一个新图层，用吸管取色器工具(Eyedropper Tool)选择你作品中色彩较深的一个颜色（这就是设定的前景彩色），然后选择画笔工具并选择仿旧画笔［(Grunge Brush)，你可以装上一支自定义画笔或用一个程序的纹理画笔，我选择了一支自定义草图画笔］。将新图层的混合模式 (Blending Mode) 设定至彩色变暗 (Color Burn) 并降低不透明度 (Opacity)。我设定至32%。

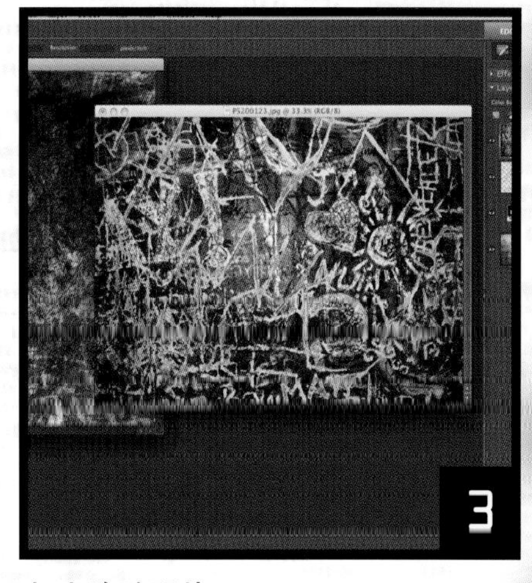

3

加上涂鸦照片

打开涂鸦墙壁的照片并将其移动至工作文件，重调这个新文件尺寸以适合工作文件。将混合模式设定至色彩变暗(Color Burn)并降低不透明度等级。我设定至39%。

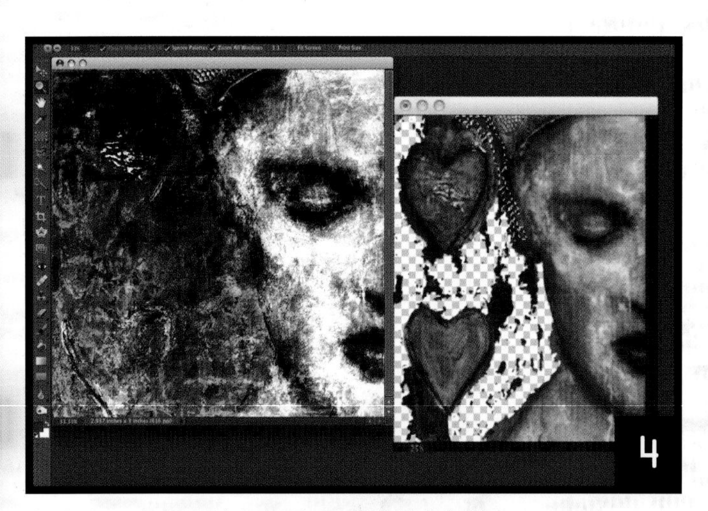

加上主题人物照片及删除图层的某些部位

打开带辅助图片的扫描文件（我扫描了一张杂志的封面）。采用磁性套索工具（Magnetic Lasso Tool）随意设定至公差50并删除该影像的某些部位。然后将其移动到工作文件，同时按需要重调尺寸。

加入辅助照片并转化图层

拼合所有的图层，然后打开该人物的辅助照片。我用了一张我原来转化过的宗教仿古式的女孩照片。用磁性套索工具选择该辅助照片中的主题人物/物品。并用半径约为30像素来羽化边缘。移动该选择至工作文件并将该图层的混合模式设定至差值(Difference)，然后采用磁性套索工具随意选择设定至公差50并删除该新图层的某些部位。

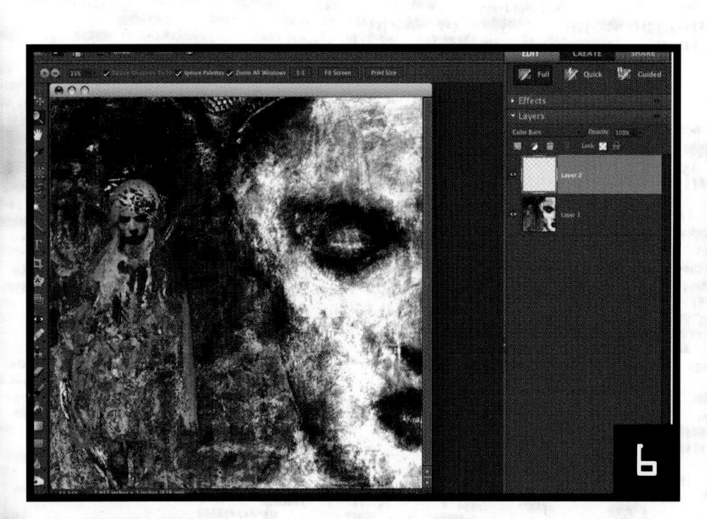

加入辅助绘画笔法

拼合所有图层。将与辅助照片图层相匹配的色调风格中加入一些难看的画笔色斑。我想给该图面增加点暖色调以改善这个女孩的黄色色调，所以我就用我在新图层上的自定义仿旧画笔压印上黄色。将你新画笔图层的混合模式设定至彩色变暗（Color Burn）。如需要，采用铅笔工具(Pencil Tool)设定至1像素的一支硬圆画笔以描绘辅助照片图层的周围。将这幅铅笔作品放入一个新图层，然后拼合所有图层。

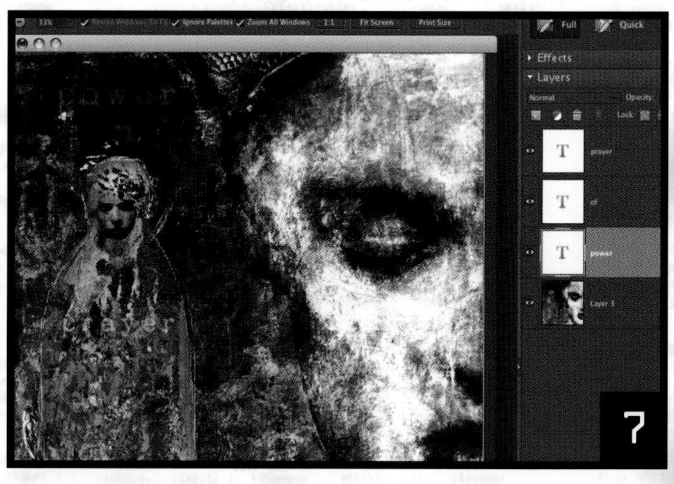

加入文本图层

采用文本工具(Type Tool)，将文本加入该作品。将每句话都放置在其自己的图层上，这样就可以对这些文字单独移动及更改。我在不同的图层上打印了“祈祷的力量”这句话。如需要，调整每一文本图层的不透明度。完成时，将该影像平面化并保存该文件。

恶整名人

作者：皮拉尔·伊莎尔·波洛克

关于这幅作品，皮拉尔想用现代的笔锋描绘出80年代地下朋克活动的粗糙和不堪的举止。开始她用图像处理软件转化了手绘的油画杂志页面，她还用数码画笔加盖上印章功能并加入一些纹理影像图层及彩色填充图层，皮拉尔又对纹理图层和色彩填充采用了色彩加深的混合模式。也许你不知道这些纹理图层都是废品场里拣来的那些有茶迹、酒浸湿过、透明或烧焦材料及照片的扫描件组成。

使用软件

Adobe Photoshop Elements 6.0。
1976 数码邮票：meth提供(http://meth.deviantart.com)

试试这个技巧

将你自己的纹理背景扫描并将它们用在某一幅作品里。至少在其中一个背景里采用转化滤镜。

数码陈列馆

本画廊陈列了我采用本书中特写的组合技术创作的很多作品。本书鼓励大家去做相同的事情，用全新而有趣的手法和技巧的组合去制作出色彩、价值、设计和纹理富丽浓艳的复杂作品。

坚持跳下去

我是个长笛手，所以我知道舞台上晕场的惊惧。出乎意料的是，我总能像演员那样克服困难。我们要坚持跳舞去克服那些不自信及胆怯的心理。如果我们选择走出去并享受骑马的乐趣，那我们确实能够飞翔。《跳下去》(Dance On) 这幅作品是关于舞台惊吓的一种探索，也是供观赏的艺术作品。

使用元素

舞台：©iStockphoto.com/billyfoto；溢出的牛奶：©iStockphoto.com/marykan；水：seemann提供 (www.morguefile.com)；芭蕾舞女演员：LoriVrba (www.lorivrba.com)

包含的技术

用渐变填充图层(Gradient Fill Layer)创建一个点光效应；用加深工具(Burn Tool)制作一些阴影；用画笔工具(Brush Tool)给影像上色；应用招贴边缘滤镜(Poster Edges Filter)；采用一个单色填充图层(Solid Color Fill Layer) (用一种不透明度非常低的褐色)；应用色彩变暗混合模式(Color Burn)。

第9号爱情灵药

本作品的命名就是久唱不衰的老电影歌曲“第9号爱情灵药”，我试图捕捉那种我们都有过的一次又一次相思病的感觉，这种感觉就像我作品中的主角想要拿起地板上那只爱的果汁瓶痛饮一样渴望。

使用元素

椅子：©iStockphoto.com/sswartz；树林：©iStockphoto.com/co nrour99；心形瓶：ear153(www.morguefile.com)；照明画笔：(www.obsidiandawn.com)

包含的技术

采用照明效应滤镜(Lighting Effects Filter)创建一个点光效应；用加深工具制作一些阴影；采用一个单色填充图层；调整亮度/对比度(Brightness/Contrast)等级；应用混合模式并调整其不透明度(Opacity)的等级；复制所有图层并给它们应用混合模式。

甜蜜的家

我特别喜欢糖果，在我工作室里有个秘密藏匿糖果的抽屉，它占用了珍藏艺术品的空间。糖果会让我非常开心。谁知道庆祝我喜爱甜食与庆祝我用糖果创造一个数码家园究竟是哪一种方式更好呢？

使用元素

糖果屋，©iStockphoto.com/DNY59；杯状蛋糕：©iStockphoto.com/subjug；M&M's，©iStockphoto.com/phottoman，软糖颗粒：©iStockphoto.com/arcimages；棒糖：©iStockphoto.com/Sonus；心形蛋糕：©iStockphoto.com/myadria；房子：jusben在www.morguefile.com；田野：bosela在www.morguefile.com；女孩：nemo65在老照片共享组on Flickr

包含的技术

用磁性套索工具(Magnetic Lasso Tool)选择主题人物并用擦除工具(Eraser Tool)清除边缘；加入纹理照片并调整混合模式[色度、色彩变暗和覆盖层(Saturation, Color Burn and Overlay)]及不透明度的等级。

束缚的心要飞

我经常做这样的梦，梦中我自由飞翔在我们小镇的上空，俯瞰地面上的小农舍、田野、树林及河流，突感惊异。现在我通过数码艺术的魔力让我的飞翔梦想变成了现实。如果你再仔细看看我的作品，你就会真真切切地感受到家的模样和我所居住小镇的风光

使用元素

气球：（www.morgucfilc.com）

包含的技术

用黑的单色填充图层和一个减少的不透明度创建一个阴影效应；给所有图层应用混合模式并调整它们的不透明度等级程度。

索引

更多由上海人民美术出版社独家引进畅销书

广告创意大解码
——36位顶尖设计师的创意心路
[美] W.格兰・格瑞芬　黛伯拉・莫里森
ISBN 978-7-5322-7486-4
大16开 平装 ￥58.00元

创造力，难以捉摸又令人费解，却是广告产业的立身之本。本书为你揭秘伟大的创意是如何产生的。它展示了创意理性与感性并存的特质。对于那些想一窥世界上顶尖广告人的思维过程的人来说，读本书将会是非常美妙的阅读体验。书中邀请了36位著名的广告人，请他们用图画将自己的创意过程表现出来。让我们进入最聪明的脑袋，走走看看，学习如何像他们一样思考。

玩转创意
[美] 凯莉・蕾・罗伯茨
ISBN 978-7-5322-7485-7
12开 平装 ￥38.00

本书旨在鼓励每一位读者发现自己的创造力，锻炼自己创意的翅膀。在书中你会得到源源不断的灵感，跟随作者混合画法艺术家凯莉・蕾・罗伯茨，加入她无畏的创作之旅，探寻创作之灵，让你的创意飞翔起来，学习在平凡之中发现神奇，珍藏记忆，表达真我，将自己融入社团小组的怀抱中。通过循序渐进的技巧，引人深思的心得引语与精彩纷呈的作品展示来一步步激发你的创造力！

手绘的创意日志
[美] 珍妮弗・纽
ISBN 978-7-5322-7488-8
12开 平装 ￥58.00元

本书展示了一本本充满偏执幻想的日志本，里面满溢着绘画、速写、水彩、平面设计、图标、列表、拼贴、肖像和照片等内容。作者带领读者开始一场精神旅程，进入各行各业日志作者的个人世界。我们每一个人可以像他们这样记录每天的生活。这些日志节选让我们一窥艺术家是如何观察、沉思、探索和创作的。

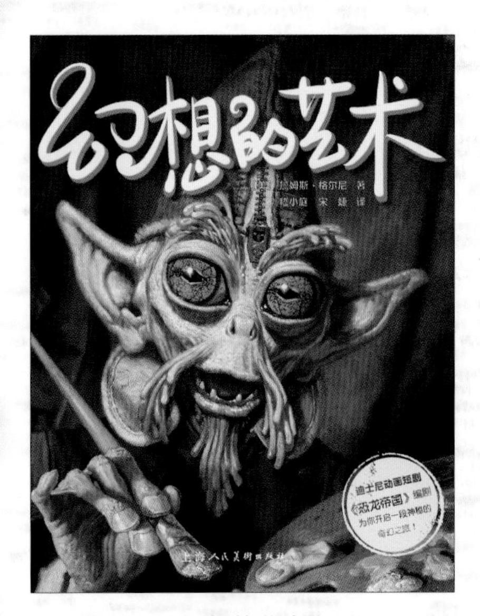

幻想的艺术
[美] 詹姆斯・格尔尼
ISBN 978-7-5322-7963-0
12开 平装 ￥68.00元

本书不仅收录了作者写给中国读者的寄语，同时还为你全方位地剖析那些只会在电影中出现的奇幻世界！毫无保留地传授给你自文艺复兴时期起就被广泛流传并经久不衰的绘画方法，帮助你将想象中的事物绘画得惟妙惟肖！得书如此，夫复何求！

激战！和风武器
——手持武器的动漫造型绘画技巧
[日] 两角润香　水菜智美
ISBN 978-7-5322-7959-3
16开 平装 ￥35.00

本书就是为了针对广泛读者的需求，为大家特意绘编的参考资料，共收录了两百种以上不同的手持武器器械人物造型。只要你们有了这本"百科全书"，一定能够非常顺利地画出自己想要表达的造型。现在就让我们一起来动手画一幅有着英姿飒爽造型的动漫人物画面吧！

灵感的速写簿
——41位杰出艺术家的私人涂绘
[美] 帕米拉・维兹曼　斯蒂芬妮・罗弗斯维勒
ISBN 978-7-5322-7965-4
16开 平装 ￥58.00元

迸发着思想、活力和灵感的《灵感的速写簿—41位杰出艺术家的私人涂绘》，为我们提供了一个罕见的视角，深入窥探41位艺术大师的个人速写簿。从填上色彩的速写到随意的纸巾涂鸦，从强烈的个性化到纯粹的异想天开，这里大多数作品是一挥而就的，而且并无公开发表的初衷，坦率而即兴，新鲜而大胆。